鄂尔多斯盆地低渗透致密气藏采气工程丛书

# 井下节流
## 技术与实践

刘双全　田　伟　杨旭东　肖述琴　等编著

U0345575

石油工业出版社

## 内 容 提 要

本书依托鄂尔多斯盆地低渗透、致密气藏开发的经验，系统梳理长庆气田井下节流技术几十年的科研成果及生产实践。针对天然气生产过程中水合物的生成问题及防治方法，重点介绍了气井井下节流技术原理、井下节流工艺设计、配套技术及应用分析等内容。

本书可供从事气田开发的技术人员以及相关院校的师生学习参考。

## 图书在版编目（CIP）数据

井下节流技术与实践 / 刘双全等编著 . —北京：
石油工业出版社，2024.4
（鄂尔多斯盆地低渗透致密气藏采气工程丛书）
ISBN 978-7-5183-6174-8

Ⅰ.① 井… Ⅱ.① 刘… Ⅲ.① 采气 – 油气开采设备 –
井下设备 – 节流装置 Ⅳ.① TE37 ② TE931

中国国家版本馆 CIP 数据核字（2023）第 134796 号

出版发行：石油工业出版社
（北京安定门外安华里 2 区 1 号　100011）
网　　址：www.petropub.com
编辑部：（010）64210387　　图书营销中心：（010）64523633
经　　销：全国新华书店
印　　刷：北京中石油彩色印刷有限责任公司

2024 年 4 月第 1 版　2024 年 4 月第 1 次印刷
787×1092 毫米　开本：1/16　印张：11.25
字数：290 千字

定价：98.00 元
（如出现印装质量问题，我社图书营销中心负责调换）

# 《井下节流技术与实践》
# 编 写 组

组　　长：刘双全　田　伟　杨旭东　肖述琴

副 组 长：于志刚　贾友亮　汪雄雄　卫亚明

成　　员：李　丽　赵峥延　王忠博　赵彬彬　沈志昊　苏煜彬

　　　　　刘时春　宋汉华　李思颖　陈　勇　李旭日　杨亚聪

　　　　　李耀德　谈　泊　宋　洁　王亦璇　龚航飞　惠艳妮

　　　　　李彦彬　王晓荣　马海宾　蔡佳明　闫冶辰　何佳艺

　　　　　谷诏闯　杨青松　沈云波　赵乃鹏　胡　衡　刘　洋

# 丛书序

目前，长庆油田有六个头衔：一是世界最大的低渗透非常规油气田；二是世界十大天然气田之一；三是中国最大的油气田；四是累计生产天然气 6000 多亿立方米；五是中国唯一的年产天然气超 $500 \times 10^8 m^3$ 的大气区；六是拥有中国最大的年生产天然气超 $300 \times 10^8 m^3$ 苏里格整装大气田。

起初，没有多少人相信鄂尔多斯盆地的长庆油田会取得如此大的成就，就连长庆油田自己也没有想到有如此令世人刮目相看的局面。规模宏大的油气基础产业，稳定的油气增长潜力和特色鲜明的低渗透非常规文化影响力，被视为中国低渗透非常规油气田勘探开发的典范。

油气基础规模，被视为前进的基础，在超大基数上实现相对稳定增长，必然伴随着超大投资，相应地稳定投资是增长的基础，从某种程度上是一个更大范围内的计划平衡结果。为此，这种模式可否持续，涉及方方面面，如果某一个方面出现不协调，都会影响油气基础规模的增减，为了使油气基础规模相对稳定且实现增长，就需要设置一个油气稳定增长的常数，而这个常数必须是实事求是的，经过科学计算的，而不是人为设置的。

油气增长潜力，当油气规模基础达到历史最高值后，显而易见的做法，必须考虑增长潜力在何方？就一般规律而言，增长无非就是老油田提高采收率、加密井、动用潜力层、合理设置参数等，但这只能解决相对稳产问题，解决不了在相对稳产基础上实现相对增长问题，而增长问题必须解决储量供给问题。也就是说，要解决油气新增的储量问题，或者说是要解决新天然气田的发现问题。鄂尔多斯盆地油气勘探要重视未知区域，如煤岩气的机会、深层油气机会、页岩气的机会和页岩油的机会，这些新的领域比人们想象的要大得多，这些都需要下功夫去认识和实践。

低渗透非常规文化影响力，是指长庆油田特色鲜明的文化影响力，其本质是"低渗透非常规""攻坚肯硬，拼搏进取""好汉坡精神""一切注重实际效果"和"低成本战略"等，这些具有明显的黄土文化和陕甘宁地域文化的特色，这种文化孕育了开发低渗透非常规油气田的石油人，形成了开发低渗透非常规油气田的理论和技术体系，缔造了中国最大油气田和世界最大低渗透非常规油气田，这是长庆油田乃至中国石油最宝贵的物质文化财富。

此外，随着时间的推移，人们对长庆油田低渗透非常规"油气基础规模、油气增长潜力和低渗透非常规文化影响力"有了越来越多的认识，这个认识虽然是渐进的、缓慢的，甚至是不乐于接受的。但是，已经形成了客观存在，在无形中和无选择中接受了它的存在和它的价值。

"油气基础规模、油气增长潜力和低渗透非常规文化影响力"三大邻域成果，最核心的是"低渗透非常规文化影响力"，它是支撑中国最大油气田和世界最大低渗透非常规油气田的底气，而底气源于超大的油气产量规模、油气协调发展、亦东亦西的地缘环境和低渗透非常规技术的人才优势。

超大油气产量规模，2022年油气储量规模达到 $6700×10^4$t 当量规模，在中国毫无疑问是站在第一的位置，在世界也是最大规模的位置。试想在 20 多年前根本不被人看好的鄂尔多斯盆地长庆油田，现在站在了被人仰视的位置和受人尊敬的油田企业，它的优势源于低渗透非常规 $6700×10^4$t 油气当量。

油气协调发展，是每一个油田企业都想实现的目标，但是受到天时、地利、人和的制约，不是想能实现就能实现的目标。它是各种因素的耦合而形成的，鄂尔多斯盆地南油北气、上油下气，各种资源天然组合，形成长庆油田协调发展的最大优势。

亦东亦西的地缘环境，长庆油田处在陕甘宁蒙，严格讲属于中国中部，东接市场发达地区，油气产品就近扩散，西接资源丰富的西北地区，油气资源就地开发，处在进可攻、退可守的位置，地理环境十分优越，这在中国只有几个为数不多的油气田有这样的地理优势。

低渗透非常规技术人才，是长庆油田成功的关键，50 多年来长庆油田培养了一大批热心低渗透非常规高素质的劳动者，培养了一大批热心低渗透非常规高水平的技术人才，高素质的劳动者和高水平技术人才组合，形成了开发低渗透非常规油气无敌军团，以足够的耐心、恒心、决心和信心，才成功开发了被世界公认为难啃的骨头——鄂尔多斯盆地低渗透非常规油气资源。

当今世界正处于百年未有之大变局，全球能源格局深刻变革，能源价格及供需关系波动频繁，能源的战略稳定意义日趋重要，天然气尤其是致密气、非常规气藏的开发将是中国能源发展的战略重地。长庆气田的成功开发，创新形成致密气藏高效开发模式，引领了国内致密气藏开发的跨越式发展。在全国人民实现第二个百年奋斗目标的历史新起点，在中国式现代化建设的新征程上，编写《鄂尔多斯盆地低渗透致密气藏采气工程丛书》（简称《丛书》），对于树立国内外致密气藏高效开发典范、引领低渗透气藏采气行业发展，具有重要意义。

《丛书》系统总结了中国石油近 50 年来在鄂尔多斯盆地低渗透、致密气藏开发采气工艺领域取得的系列科研成果及生产实践经验，涵盖了整个致密气田开发钻采工艺技术系列。重点介绍了鄂尔多斯盆地低渗透、致密气藏排水采气、井下节流、柱塞气举、气田强排水采气、数字化智能技术、钻采工程、提高采收率等低渗透、致密气藏规模高效开发的关键技术成果。编著者均为长期从事采气工程开发的专家、科研工作者及专业技术人员，展现了低渗透、致密气藏开发采气工程的前沿技术，体现了丛书的权威性、系统性和先进性。

该套丛书的出版，为低渗透、致密气藏有效开发提供了一套成熟完备的采气工程借鉴方案，将对新形势下中国天然气的开发及优化管理起到积极的指导作用，希望广大天然气开发领域的研究者、设计者、建设者与生产管理者能将其作为学习工作的必备工具书，充分发挥其资政传承、交流提升的作用。

中国工程院院士 胡文瑞

2023 年 9 月

# 前　言

鄂尔多斯盆地是个大型沉积盆地，有 $37 \times 10^4 km^2$，沉积层厚度达 5000～6000m，天然气资源具有储层类型多、分布面积广、资源潜力雄厚、储量规模大等特点。天然气总资源量达到 $10.95 \times 10^{12} m^3$（其中上古生界 $8.59 \times 10^{12} m^3$，下古生界 $2.36 \times 10^{12} m^3$），占国内陆上天然气资源量的 28.2%。但地质条件复杂，主要特征表现为储层致密、物性差、非均质性强、单井产量低，是典型的"三低"（低压、低渗透、低丰度）气藏。

长庆油田地处鄂尔多斯盆地及周缘的断褶盆地和沉降区块，油气区各区块低渗透、低压、低丰度，非均质性强，开采难度大。气井生产过程中表现出单井产量低、压力下降快的特点，且所处地理环境恶劣，易生成天然气水合物堵塞井筒及地面管线，要想实现气田的经济有效开发，必须坚持"依靠科技，创新机制，走低成本开发路子"。面对重重困难，长庆油田分公司把科技创新作为引领发展的第一动力，不断突破低渗透、致密气藏效益开发极限，高效开发了苏里格、神木、米脂等致密气田，开辟了天然气持续上产的主战场。

正值气田加快二次发展之际，编写本书，总结长庆气田井下节流工艺几十年的科研成果及生产实践经验。本书共七章：第一章主要介绍了气井井下节流技术国内外现状；第二章主要介绍了与井下节流技术相关的天然气物理性质、状态方程和热力学性质；第三章主要介绍了水合物基本性质、生成条件、影响因素、预测方法及防治；第四章至第七章分别介绍了气井井下节流技术原理、工艺设计、配套技术及应用分析。本书内容详尽、重点明确，对于相关低渗透、致密气藏开发具有较好的借鉴参考价值。

本书是长庆油田分公司从事气田生产采气工艺技术专家多年努力的成果与智慧结晶。值本书出版之际，特向长庆油田分公司油气工艺研究院的专家及科研工作者致以诚挚的感谢。

# 目　录

# 第一章　绪　　论

鄂尔多斯盆地上古生界具有丰富的天然气资源，根缘气都存在于致密的储层中，属于致密气藏，而长庆油田苏里格气田就是典型的致密气田。苏里格气田是迄今为止我国陆上发现的最大的天然气田，也是致密砂岩天然气藏的典型代表，具有"低渗透、低压、低丰度"的特点。经过多年的开发前期评价，认识到要实现经济有效开发就必须走低成本开发之路，而简化优化地面流程、降低建设投资是实现苏里格气田经济有效开发的有效手段之一。

## 第一节　概　　述

天然气与煤炭、石油并称当前世界一次能源的三大支柱。天然气是一种重要的能源和化工原料，燃烧热值高，对环境污染小，被称为清洁能源，对优化国家能源结构、改善生态环境、提升居民生活品质，发挥着至关重要的作用。近年来，世界天然气需求持续稳定增长，年均增长率保持在2%左右。2020年，天然气在世界能源消费结构中占比23%，成为主要能源，仍是未来消费需求唯一增长的化石能源。而长庆油田作为国内最大的天然气生产基地，始终把保障国家能源安全、贡献清洁能源的责任扛在肩上，落实在行动中，全力保障北京、天津、西安等40多个大中城市的4亿多居民的生活。

天然气开采、集输过程中，在气井的高压低温环境下，含有一定水分的天然气在经过管道、阀门、过滤器及仪表时，容易在管壁生成一层水合物，不断使管道内径变小，降低管道输送效率，严重时甚至会堵塞管道，影响天然气的正常开采和输送，也势必会增加开发成本。

苏里格气田的天然气组分、压力等因素导致气井开井初期井筒及地面管线易生成水合物，加上所处的西北地区，冬季气温低且持续时间长，气井生产时如果不采取有效措施，水合物堵塞将影响气井安全平稳生产。根据苏f试验区气体组分，计算不同压力下相应水合物生成温度（表1-1-1）。苏f试验区气井井口压力、温度及水合物形成温度对比（图1-1-1）表明，开井初期生产压力约为20MPa，在此压力条件下理论计算水合物生成温度约为23℃，而气井井口气流温度为0~18℃，低于天然气水合物生成温度，气井生产初期具备水合物生成条件。

表1-1-1　苏里格气田天然气水合物生成温度

| 压力/MPa | 1.5 | 2.5 | 3.0 | 5.0 | 6.0 | 7.0 | 10.0 | 12.0 | 15.0 | 18.0 | 20.0 |
|---|---|---|---|---|---|---|---|---|---|---|---|
| 温度/℃ | 3.3 | 7.6 | 9.0 | 13.2 | 14.5 | 15.6 | 17.8 | 18.8 | 20.3 | 21.5 | 22.3 |

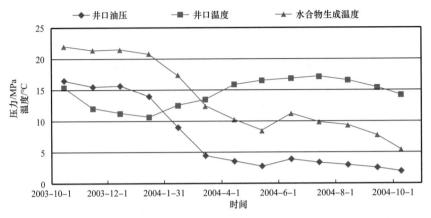

图 1-1-1　苏 f 试验区气井井口压力、温度及水合物生成温度对比图

气井实际生产表明，苏 f 试验区 28 口生产井中有 23 口井发生过水合物堵塞现象，尤其是冬季生产时水合物堵塞特别严重。

因此，2002 年开辟的苏 f 试验区，采用长庆油田成熟的高压集气集中注醇防止水合物工艺。根据苏 f 试验区天然气组分计算分析，水合物生成温度降对应甲醇注入量见表 1-1-2。

表 1-1-2　甲醇富液浓度、水合物生成温度降与甲醇注入量理论计算

| 甲醇富液质量浓度 /% | 水合物生成温度降 /℃ | 甲醇注入量 / (L/$10^4m^3$) |
| --- | --- | --- |
| 15 | 7 | 7.0 |
| 20 | 10 | 10.0 |
| 23 | 12 | 11.9 |
| 27 | 15 | 14.8 |
| 30 | 18 | 17.1 |

长庆靖边气田、榆林气田及苏 f 试验区每生产 $1 \times 10^4 m^3$ 天然气实际注醇量见表 1-1-3。

表 1-1-3　长庆不同气区每生产 $1 \times 10^4 m^3$ 天然气平均实际注醇量

| 气区 | 甲醇消耗 / (L/$10^4m^3$) |
| --- | --- |
| 靖边气田 | 30 |
| 榆林气田 | 76 |
| 苏 f 试验区（2002 年） | 220 |

苏 f 试验区 16 口生产井数据表明，气井自 2002 年生产至 2003 年底的一年多时间，累计生产天然气 $8515 \times 10^4 m^3$，累计注醇量达 $1517 m^3$，平均生产 $1 \times 10^4 m^3$ 天然气注醇量

为 220L，最多注醇井——苏 ci-ad 井达 465.6L/10⁴m³。在注醇量如此充足条件下，一年多的生产时间内，单井平均堵塞 38 次，堵塞次数最多的苏 d0-ad 井达 73 次。可以看出，高压集气集中注醇工艺不能彻底解决气井水合物堵塞难题，尤其是在高压集气流程中，由于单井产量低，很多气井集气管线中气流温度近似于周围环境温度，而苏里格气田冬季地面环境温度低，造成地面管线堵塞频繁，而且该模式的建设和生产操作成本高。因此，这项在长庆油田其他气田适用的成熟工艺在苏里格气田开发中不宜采用。

2003 年在苏 f 试验区加密井采用井口加热、井口节流配以流动注醇车注醇工艺。取消了注醇泵房及注醇管线以降低成本，采用井口加热炉加热以提高集气气流温度，利用井口针阀节流降低集气管线压力，从而降低水合物生成条件。试验表明，该项工艺主要存在以下缺陷：

（1）井口加热能提高气流温度，通过与针阀节流降压相结合能较好地减轻近井集气管线水合物堵塞现象，但地面集输管线沿程由于受环境温度影响，即使采用深埋和保温双重措施，也不能保证长距离管线足够高的温度，水合物堵塞问题依然不能杜绝。沿程管线气流温度测试表明，管线埋深 0.2m 时，起点温度和管线保温与否对集气管线内气流温度影响都不大，管线在 0.5km 范围内迅速接近环境温度。管线埋设于冻土层以下，采气管线不采取保温措施，起点温度为 60℃时，集气管线在 2km 处接近地温；起点温度为 10℃时，集气管线在 0.5km 处接近地温，如图 1-1-2 所示。如果集气管线采取保温措施，起点温度为 60℃时，集气管线在 5km 处接近地温；起点温度为 10℃时，集气管线在 1.5km 处接近地温。

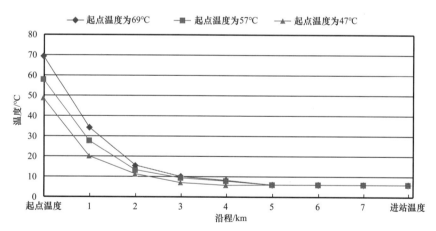

图 1-1-2　苏 ch-af-g 井不同起点温度沿程温降对比曲线（不保温）

（2）采用井口加热、井口针阀节流工艺虽然能在地面集输管线内防止水合物过程中起到一定的作用，但井筒及加热炉前管线不在保护范围内，生产中较频繁出现水合物堵塞现象。配备流动注醇车，采用井口注醇方式，造成了冬季被动应付局面。统计 12 口加密井，平均生产 1×10⁴m³ 天然气注醇 36.7L，一年多的生产时间内，单井平均堵塞 23 次。

（3）该种防止水合物生成的方式需要每口井采用加热炉，并配备流动注醇车，生产管理难度大，防止措施也未能推广应用。

在高压集气集中注醇和井口加热、针阀节流配以流动注醇车注醇防止水合物的生成都没有达到预期效果的情况下，2004年初在苏ci-ad-b井和苏ci-ad-c井开展井下节流防止水合物试验。该技术是利用井下节流器实现井筒节流降压，充分利用地温加热，使节流后气流温度基本恢复到节流前温度，大大降低了井筒及集气管线压力，从而改变了水合物生成条件，达到防止水合物生成的目的。从气流压力与水合物生成温度关系曲线（图1-1-3）可以看出，随着压力的下降，水合物生成温度大大下降，当节流后井口油压小于1.3MPa时，此时水合物生成温度小于1.5℃，而冻土层下的地温为2~3℃，可基本消除水合物的生成。

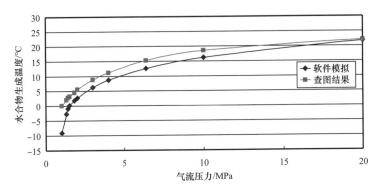

图1-1-3　气流压力与水合物生成温度关系曲线

从苏ci-ad-b井和苏ci-ad-c井的试验数据可以看出，利用井下节流技术后水合物堵塞次数明显下降（表1-1-4）。

表1-1-4　井下节流试验前后注醇量及堵塞次数对比

| 井号 | 油压 /MPa | | 堵塞次数 / 井次 | | 注醇量 / ( L/$10^4$m$^3$ ) | | 累计产气量 /$10^4$m$^3$ | |
|---|---|---|---|---|---|---|---|---|
| | 节流前 | 节流后 | 节流前 | 节流后 | 节流前 | 节流后 | 节流前 | 节流后 |
| 苏 ci-ad-b | 19.2 | 3.5 | 18 | 2 | 18.58 | 1.74 | 204.56 | 2000.00 |
| 苏 ci-ad-c | 12.0 | 3.2 | 24 | 2 | 14.31 | 1.52 | 282.35 | 1284.00 |

苏ci-ad-b井于2003年11月27日开井，采用井口加热炉加热、井口针阀控制生产。开井初期油压为17.7MPa，理论计算水合物生成温度为21℃，配产（1.5~3）×$10^4$m$^3$/d，由于井筒或井口到加热炉管线水合物堵塞而多次关井，在下入井下节流器前的86天生产中，井筒水合物堵塞9次，井口到加热炉管线堵塞9次；井下节流后油压降至3.5MPa时，其水合物生成温度为10.2℃，节流后至2006年10月底，仅发生了2次地面管线水合物堵塞。

苏ci-ad-c井于2003年10月1日开井，采用井口加热炉加热、井口针阀控制生产。开井初期油压为19.0MPa，理论计算水合物生成温度为22℃，平均配产2.5×$10^4$m$^3$/d，至2004年2月13日下入井下节流器前的105天生产中，井筒水合物堵塞或井口至加热炉地面管线堵塞次数达24次；井下节流后油压降至3.2MPa时，其水合物生成温度为9.5℃，节流后至 2006 年 10 月底，仅有 2 次地面管线水合物堵塞。

在解决天然气水合物堵塞的主要措施中，加热、注醇及与其相配套的技术试验后都没取得满意效果。采用井下节流技术后，有效地防止了水合物的生成，提高了气井开井时率，技术优势显而易见。

## 第二节　气井井下节流技术国内外现状

早在 20 世纪 40 年代，穆拉维也夫及克雷洛夫就提出了在自喷井中采用井底节流气嘴来消除油井的激动间歇或减缓间歇程度[1]，但由于更换井底节流气嘴和改变节流气嘴尺寸需要起下油管，这种方法未得到普遍应用。直到 80 年代，井下节流才重新引起开采研究方面的注意。国内外对通过节流器多相流动的预测方法有以下几种：

（1）Gilbert 最先提出的关系式，这些公式已经由 Ros、Secen、Baxendell、Achong、Pilehvari、Osman 和 Dokla 做了进一步的修正[2]。这些关系式是为临界流态开发的，均忽略了产出流体的 PVT 参数。

（2）含有流体参数的通过油嘴的临界流动的经验关系式。属于这一类的关系式包括 Poettmann 和 Beck、Al-Attar 和 Abdul-Majeed、Al-Towailib 和 Al-Marhoun 的关系式[3]。这些关系式的应用限制在生产纯油（水与沉淀物含量小于 1%）油井的临界两相流动。只限于临界流动，忽略了溶解气油比，并需要掌握产出气、油的相对密度。而且，还假设临界流动的井口压力与产量之间的关系是非线性的。

（3）基于量纲分析的一些关系式。将控制通过油嘴多相流动的变量组合成无量纲组合。应用多元回归分析，得到了联系这些组合的一个关系式。一个典型的关系式是由 Omana 等开发的[4]。他们的关系式是以气、水混合物临界两相流动的一系列实验室测试为基础的。该关系式中考虑了在上游条件下评价的流体参数。然而，Omana 等的关系式限制油嘴大小为 1.65～5.6mm，流体产量不超过 127m³/d 及上游压力范围为 2.8～6.9MPa。通过结合不同的 PVT 关系式，Abdul-Majeed 和 Maha 修正了 Omana 等的关系式[5]。他们发现，当将测试资料划分为分开的油嘴大小等级时，这一关系式预测的准确性得以提高。

（4）从穿过节流装置的基本的流动流体的能量平衡关系式中导出的理论方法。这些模型可以预测临界及亚临界两相流动动态。在这些模型中，只有 Fortunati、Ashford 和 Pierce、Pilehvari、Sachdeva 等及 Abdul-Majeed 和 Aswad 的模型[1, 5]，可以用来预测通过油嘴的亚临界两相流动。但是，Abdul-Mafeed 和 Aswad 观测到了实测产量值与由 Ashford 和 Pierce 公式得到的产量计算值之间的巨大差别。因此，他们根据油嘴大小及流体参数，通过估算流量系数修正了这一公式。使用 Standing 的关系式来估算中东气、油系统的溶解气油比和原油地层体积系数。Standing 关系式的主要限制在于：它们是基于总气油比及总溶解气密度。总气油比及总溶解气密度不能从例行生产测试中得到，而必须由 PVT 分析确定。

考虑到上述方法的不足，国内外正在积极地研究井下节流工艺，重点在于天然气流经节流器时其温度、压力、流速、气体密度等相关参数的变化规律，通过对节流机理的研究,建立与实际测量数据相符合的天然气井下节流相关参数变化规律的数学模型,并开发出相应的计算程序及应用软件。

1986年,四川石油管理局首次在川中金11井、角56井等气井开展气井井下节流技术试验[6-7]。该技术应用于气井防止水合物生成,是气田开发中的一大突破。之后国内各大油气田开展了气井井下节流技术的研究与应用,井下节流器与配套工具性能得到了进一步完善,并取得了较大的进展。

2000年以来,井下节流技术已在西南、胜利、新疆、青海及长庆等油气田得到广泛应用。长庆靖边气田自1998年开始进行井下节流工艺技术研究与试验[8],试验表明:井口压力从15~23MPa降低到5MPa左右,在提高集气流程安全性、减少井筒和地面集气管线的积液、改善水合物的生成条件、减轻集气站内水套炉的负荷等方面发挥了良好的作用。长庆苏里格气田从2004年开始进行井下节流工艺技术研究与应用,应用表明:大幅度降低了地面管线运行压力;有效地防止了水合物的生成,提高了开井时率;气井开井和生产无须井口加热炉;有利于防止地层激动和井间干扰,在较大范围内实现地面压力系统自动调配[9-10]。

在苏里格气田,气井井下节流技术的应用从传统的防治水合物拓展成为简化地面工艺的关键技术,形成了不同于国内其他气田的"不注醇、不加热、不保温"中低压集气新模式,大大降低了地面集气管网投资,成为气田经济有效开发的关键技术之一。

# 第二章　天然气性质及特征

天然气的性质包括：分子量、密度、相对密度、饱和蒸气压、黏度、临界参数、真实气体和理想气体状态方程及气体偏差系数、体积系数等物理性质；相态性质和相平衡计算；比热容、绝热指数、导热系数、焓、熵等热化学性质。其中，天然气性质和参数的计算是天然气水合物防治、井下节流工艺设计的基础。

## 第一节　天然气性质

### 一、天然气基本概念

天然气是指自然生成，在一定压力下蕴藏于地下岩层孔隙或裂缝中的混合气体。其主要成分为甲烷及少量乙烷、丙烷、丁烷、戊烷及以上烃类气体，并可能含有氮、氢等非烃类气体。在石油行业范围内，天然气通常指从气田采出的气及油田采油过程同时采出的伴生气。

### 二、天然气组成

天然气主要是由甲烷、乙烷等气体组成的混合气体。其中，甲烷是天然气的主要组分，在气藏中的体积比为80%～99.5%，在凝析气藏中为75%～94.4%。乙烷含量为0.05%～25%，丙烷含量为0.005%～4%，正丁烷含量为0.001%～2%[11]。

除以上气体外，天然气还含有异丁烷、戊烷、氮气、硫化氢、二氧化碳等气体。

### 三、天然气相对密度

天然气相对密度定义为：在相同温度、压力下，天然气的密度与空气密度之比。天然气相对密度常用符号$\gamma$表示，即

$$\gamma = \rho_g / \rho_a \qquad (2-1-1)$$

式中　$\rho_g$——天然气密度，$kg/m^3$；

　　　$\rho_a$——空气密度，$kg/m^3$。

因为空气的分子量为28.96，故有：

$$\gamma = M / 28.96 \qquad (2-1-2)$$

式中　$M$——天然气的摩尔质量，$g/mol$。

天然气的相对密度一般为0.5～0.7，个别含重烃较多的油田气或其他非烃类组分多的天然气相对密度可能大于1。

假设混合气和空气的性质都可用理想气体状态方程描述，则可用下列关系式表示天然气的相对密度：

$$\gamma_g = \frac{\dfrac{pMW_g}{RT}}{\dfrac{pMW_a}{RT}} = \frac{MW_g}{MW_a} = \frac{MW_g}{28.96} \qquad (2\text{-}1\text{-}3)$$

式中　$\gamma_g$——天然气相对密度；

　　　$p$——压力，MPa；

　　　$T$——温度，℃；

　　　$R$——通用气体常数；

　　　$MW_g$——天然气视分子量；

　　　$MW_a$——空气视分子量。

尽管式（2-1-3）是在理想气体条件下推导出来的（在标准条件下准确），但在天然气工业中也开始广泛用于对实际气体和气体混合物的定义。

由于天然气是气体混合物，在计算天然气相对密度时，需先计算出天然气的视分子量，然后再将其代入式（2-1-3）计算。

$$MW_g = \sum_{i=1}^{n} y_i MW_i \qquad (2\text{-}1\text{-}4)$$

式中　$MW_g$——天然气视分子量；

　　　$MW_i$——每种组分的视分子量；

　　　$y_i$——每种组分的摩尔分数。

## 四、天然气偏差系数

低压时，天然气密切遵循理想气体定律。当压力上升时，尤其当压力接近于临界温度时，其真实体积和理想气体之间就产生很大的偏离，这种偏差称为偏差系数，用符号 $Z$ 表示。天然气偏差系数又称压缩因子，是指在相同温度、压力条件下，真实气体所占体积与相同量理想气体所占体积的比值：

$$Z = \frac{\text{在某压力} p \text{和温度} T \text{时} n \text{摩尔气体的实际体积}}{\text{在某压力} p \text{和温度} T \text{时} n \text{摩尔气体的理想体积}} \qquad (2\text{-}1\text{-}5)$$

天然气的偏差系数随气体组分的不同及压力和温度的变化而变化。天然气偏差系数的确定除了 PVT 实验法外，还有若干不同的计算公式。

范德华对应状态原理说明，一种物质的物理参数是它对应临界点物性参数的函数。因此，气体偏差系数是相应压力（$p$）和温度（$T$）的对比压力（$p_r$）和对比温度（$T_r$）的函数，用公式表示：

$$Z = f(p_r, T_r) \qquad (2\text{-}1\text{-}6)$$

式中　$p_r$——对比压力，指气体的绝对工作压力 $p$ 与临界压力 $p_c$ 之比；

　　　$T_r$——对比温度，指气体的绝对工作温度 $T$ 与临界温度 $T_c$ 之比。

对于天然气，工程上一般用拟对比压力 $p_{pr}$ 和拟对比温度 $T_{pr}$ 来代替 $p_r$ 和 $T_r$，将混合气体视为"纯"气体，利用状态对应原理，可得到 $Z$。

$$p_{pr} = p / p_{pc} = p / \sum y_i p_{ci} \tag{2-1-7}$$

$$T_{pr} = T / T_{pc} = T / \sum y_i T_{ci} \tag{2-1-8}$$

式中　$p_{pr}$——拟对比压力，指气体的绝对工作压力 $p$ 与拟临界压力 $p_{pc}$ 之比；

　　　$T_{pr}$——拟对比温度，指气体的绝对工作温度 $T$ 与拟临界温度 $T_{pc}$ 之比；

　　　$p_{ci}$——各组分的临界压力，Pa；

　　　$T_{ci}$——各组分的临界温度，℃。

目前，求取 $Z$ 的方法很多，下面介绍几类常用的方法。

（1）Standing-Katz 偏差系数图（图 2-1-1）。

该图表示无 $H_2S$ 和 $CO_2$ 天然气的 $Z$ 与拟临界压力 $p_{pc}$ 和拟临界温度 $T_{pc}$ 之间的关系。只要计算出天然气的 $p_{pc}$ 和 $T_{pr}$，即可以在图中的曲线查出 $Z$。如果是含有 $H_2S$ 和 $CO_2$ 的天然气，就需要其他计算方法进行校正。

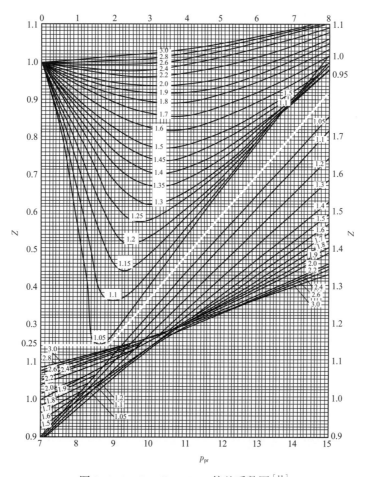

图 2-1-1　Standing-Katz 偏差系数图[11]

（2）经验法。

① Sarem 法。

使用最小二乘法拟合 $Z=f(p_r, T_r)$ 关系式，用 Legendre 多项式将方程写成：

$$Z = \sum_{m=0}^{5}\sum_{n=0}^{5} A_{mn} p_m(x)p_n(y) \tag{2-1-9}$$

式中　$A_{mn}$——常数；

　　　$p_m(x)$，$p_n(y)$——Legendre 多项式的 $p_r$，$T_r$。

此关系式的应用范围：$1.05 \leqslant T_r \leqslant 2.95$；$0.1 \leqslant p_r \leqslant 14.9$。

② Papay 法。

该方法计算的方程为：

$$Z = 1 - \frac{3.52 p_r}{10^{0.9813 T_r}} + \frac{0.274 p_r^2}{10^{0.8157 T_r}} \tag{2-1-10}$$

（3）状态方程拟合法。

① Yarborough 和 Hall 应用 Starling—Carnahan 状态方程得到以下关系式：

$$Z = 0.06125\left[ p_{pr}/\left(\rho_r T_{pr}\right)\right]\exp\left[-1.2\left(1-1/T_{pr}\right)^2\right] \tag{2-1-11}$$

式中　$\rho_r$——对比密度。

$\rho_r$ 可以用式（2-1-12）进行计算：

$$\begin{aligned}
&\frac{\rho_r + \rho_r^2 + \rho_r^3 - \rho_r^4}{\left(1-\rho_r\right)^3} - \left(14.76 T_{pr} - 9.76/T_{pr}^2 + 4.58 T_{pr}^3\right)\rho_r^2 + \\
&\left(90.7/T_{pr} - 242.2 T_{pr}^2 + 42.4/T_{pr}^3\right)\rho^{(2.18+2.82/T_{pr})} \\
&= 0.06152\left(p_{pr}/T_{pr}\right)\exp\left[-1.2\left(1-1/T_{pr}\right)^2\right]
\end{aligned} \tag{2-1-12}$$

② Dranchuk 和 Abou—Kassem 方程：

$$\begin{aligned}
Z = 1 + &\left(A_1 + \frac{A_2}{T_{pr}} + \frac{A_3}{T_{pr}^3} + \frac{A_4}{T_{pr}^4} + \frac{A_5}{T_{pr}^5}\right)\rho_{pr} + \\
&\left(A_6 + \frac{A_7}{T_{pr}} + \frac{A_8}{T_{pr}^2}\right)\rho_{pr}^2 - A_9\left(\frac{A_7}{T_{pr}} + \frac{A_8}{T_{pr}^2}\right)\rho_{pr}^3 + \\
&A_{10}\left(1 + A_{11}\rho_{pr}^2\right)\frac{\rho_{pr}^2}{T_{pr}^3}\exp\left(1 - A_{11}\rho_{pr}^2\right)
\end{aligned} \tag{2-1-13}$$

其中 $\rho_{pr}=0.27 p_{pr}/(ZT_{pr})$，为拟对比密度。$A_1=0.3265$，$A_2=-1.07$，$A_3=-0.5339$，$A_4=0.01569$，$A_5=-0.05165$，$A_6=0.5475$，$A_7=-0.7361$，$A_8=0.1844$，$A_9=0.1056$，$A_{10}=0.6134$，$A_{11}=0.721$。

式（2-1-13）可以通过迭代的方法进行计算。该方法适合于以下两种情况：$0.2 \leqslant p_r \leqslant 30$，$1.0 \leqslant T_r \leqslant 30$；$p_r < 1.0$，$0.7 \leqslant T_r \leqslant 1$。当 $p_r > 1.0$ 或 $T_r = 1.0$ 时误差较大。

## 五、天然气含水量

大多数气田属气水两相系统。天然气在地下长期与水接触的过程中，一部分天然气溶解在水中，同时一部分水蒸气进入天然气中。因此，从井内采出的天然气中，或多或少都含有水蒸气。影响天然气中含水量的因素为压力、温度、自由水中的盐溶解度和天然气组分。一般情况下：

（1）含水量随压力增加而降低；

（2）含水量随温度增加而增加；

（3）气藏中，含水量随水中的含盐量增加而降低；

（4）密度高的天然气中含水量较少。

描述天然气中含水量的多少有绝对湿度和相对湿度两种指标。绝对湿度定义为每 $1m^3$ 的湿天然气所含水蒸气的质量，表示为：

$$X = \frac{W}{V} = \frac{p_{vw}}{R_w T} \qquad (2-1-14)$$

式中　$X$——绝对湿度，$kg/m^3$；

　　　$W$——水蒸气的质量，$kg$；

　　　$V$——湿天然气的体积，$m^3$；

　　　$p_{vw}$——水蒸气的分压，$kg/m^2$；

　　　$R_w$——水蒸气的体积常数，$47.1kg \cdot m/(kg \cdot K)$；

　　　$T$——水蒸气的温度，$K$。

如果天然气中水蒸气的分压达到饱和蒸气压，此时的天然气湿度称为饱和绝对湿度，即在某一温度下，天然气中含有最大的水蒸气量，可以写成：

$$X_s = \frac{p_{sw}}{R_w T} \qquad (2-1-15)$$

式中　$X_s$——饱和绝对湿度，$kg/m^3$；

　　　$p_{sw}$——水蒸气的饱和蒸气压，$kg/m^2$。

同样温度下，绝对湿度与饱和湿度之比，称为相对湿度 $\Phi$，它们之间的关系如下：

$$\Phi = \frac{X}{X_s} = \frac{p_{vw}}{p_{sw}} \qquad (2-1-16)$$

当 $\Phi = 0$ 时，$p_{vw} = 0$，即天然气绝对干燥；当 $\Phi = 1$ 时，$p_{vw} = p_{sw}$，天然气中的水蒸气达到饱和；对于一般的湿天然气，$0 < \Phi < 1$。

同时，Bukacek 提出了压力在 $1.4 \sim 21MPa$ 范围内的天然气含水量计算公式[11]：

$$\ln W_{\mathrm{H_2O}} = A_0 + A_1\left(1/T\right)^2 + A_2\left(1/T\right)^3 +$$
$$A_3\left(\ln p\right) + A_4\left(\ln p\right)^2 + A_5\left(\ln p\right)^3 +$$
$$A_6\left(\ln p/T\right)^2 + A_7\left(\ln p/T\right)^3 \tag{2-1-17}$$

式中　$W_{\mathrm{H_2O}}$——天然气含水量；

　　　$p$——天然气体系压力，MPa；

　　　$T$——天然气水露点，K。

$A_0=-17.48151$，$A_1=-4528899.1$，$A_2=7.538558\times10^8$，$A_3=14.96074$，$A_4=-2.187018$，$A_5=0.0990396$，$A_6=0.390777$，$A_7=-0.101408$。

### 六、天然气水露点

天然气的水露点是指在一定的压力条件下，天然气中开始出现第一滴水珠时的温度，也就是在该压力条件下与饱和水汽含量对应的温度值。天然气的水露点指标就是其饱和水汽含量的反映。天然气水露点高，其水汽含量必然高。同时，天然气的水露点与天然气水合物的生成有重要关系。天然气的水露点可以测量得到，也可由天然气的水含量数据查表得到。

### 七、比容

天然气单位质量所占的体积，即为天然气的比容。在理想条件下，可写成：

$$v = \frac{V}{m} = \frac{RT}{pMW_{\mathrm{g}}} = \frac{1}{\rho_{\mathrm{g}}} \tag{2-1-18}$$

实际条件下，考虑气体的偏差系数，比容可写成：

$$v = \frac{ZRT}{Mp} = 0.000287\frac{ZT}{\gamma_{\mathrm{g}}p} \tag{2-1-19}$$

式中　$v$——天然气的比容，$\mathrm{m^3/kg}$；

　　　$R$——通用气体常数；

　　　$M$——天然气摩尔质量，g/mol。

# 第二节　天然气特征

采气生产的特点是由天然气的渗流特性和天然气的理化性质决定的，天然气特性主要有以下七点：

（1）天然气密度小。

相对于原油和水，天然气密度小。水的密度为1.0g/cm³，原油的密度为0.8g/cm³左右，而相对密度为0.6的天然气密度为$0.723\times10^{-3}\mathrm{g/cm^3}$，是原油密度的1/1000。因此，天然气柱对井底形成的压力小，井口压力就高，新井投产前井口压力接近地层压力，这直接影响生产和安全。

（2）天然气黏度较原油低得多。

原油黏度与其重度、气体饱和度、温度和压力有关，变化范围很大。气体饱和轻质原油黏度不到 $1mPa \cdot s$，脱气重质原油黏度可达数百毫帕·秒。天然气黏度与其重度、压力、温度有关，在 $0.009 \sim 0.015mPa \cdot s$ 间变化，显然比原油黏度低得多。天然气通过地层、管道和阀件流动时，压力损失很小，它在螺纹、法兰、密封填料等处就易泄漏。天然气生产管理和安全工作中防止泄漏是一项十分重要的工作。

（3）天然气中通常含有 $H_2S$ 和 $CO_2$。

天然气中通常含有 $H_2S$，给天然气的生产管理带来许多难题。

$H_2S$ 有剧毒，主要引起呼吸道和中枢神经中毒。在天然气工程的各项工艺中都必须做好预防 $H_2S$ 中毒的工作。

$H_2S$ 对钢材有强腐蚀性，短期表现为氢脆腐蚀，长期则有化学失重腐蚀和硫化物应力腐蚀。因此，含硫天然气生产必须做好脱水、脱硫和防腐工作。

$CO_2$ 在有水的情况下也具有很强的腐蚀性，它的腐蚀有别于硫化氢腐蚀，应采取相应的防腐措施。

（4）天然气是易燃易爆气体。

天然气是碳氢化合物的混合物，其主要组分为甲烷、乙烷、丙烷，它们都是易燃易爆气体。防火防爆工作是天然气生产和安全管理中的一项重要工作。

（5）天然气与水会形成水合物。

在一定压力和温度下，天然气与水会形成水合物。水合物类似冰，会堵塞阀件、管道，给生产带来困难，预防水合物形成是天然气生产和安全管理中的一项重要工作。

（6）天然气具有可压缩性。

天然气具有极大的可压缩性，这对天然气渗流、生产、储运、计量、安全等都有直接影响。

（7）天然气的生产、输送和使用是一个系统工程。

天然气生产与原油生产和其他机电产品生产不同，后者生产、运输、使用在时间上关系不大，生产的产品可以先储存起来，然后有计划地运输和使用。而天然气的生产、输送和使用几乎是同时发生，且要求连续可靠平稳。生产影响用户，民用、化工、冶金工业对天然气生产的波动特别敏感；反之，用户需求也严重制约天然气生产，而两者联系的纽带——输气管道起着至关重要的作用。因而天然气生产要严密组织、密切配合、合理调度，做到安全平稳。

天然气的这些特征，不仅直接影响到天然气生产的各个环节，而且也会直接或间接影响天然气生产的平稳、安全。在这些特征中，以天然气水合物造成的危害最大。

# 第三章　水合物生成与防治

天然气水合物是在石油和天然气开采、加工和运输过程中生成的冰雪状复合物。严重时这些水合物能堵塞井筒、管线、阀门和设备，从而影响天然气的开采、集输和加工的正常运转。为了保障节流气井的正常生产，水合物生成温度的预测是井下节流器下入深度的基础。因此，开展了水合物基本性质、生成条件及影响因素、生成预测等研究。

## 第一节　水合物基本性质

### 一、水合物概念

气体水合物是由水和气体组成的晶体状包络化合物，是一类由许多低分子量的气体，如石油和天然气组分中 $C_1$—$C_4$ 的轻烃、二氧化碳、硫化氢、环氧乙烷、四氢呋喃以及某些惰性气体，在低温高压条件下与水生成的具有笼形结构的冰状晶体，称为笼形水合物（Castrate Hydrates），简称水合物。天然气水合物是天然气与水在一定条件下生成的类似于冰的笼形水合物，俗称"可燃冰"。而且天然气水合物在燃烧后几乎不产生任何残渣或废弃物。图 3-1-1 是实验合成的天然气水合物燃烧时的状态。自然界存在的天然气水合物的主要成分是甲烷和水。

图 3-1-1　天然气水合物燃烧

### 二、水合物结构

1934 年，在油气输送管道中首次发现了气体水合物。这一发现标志着水合物的研究与现实生产存在着紧密的联系，从那以后对水合物的研究逐步深入。另外，随着科学技术手段的发展，先进的仪器运用到水合物的研究中，加快了人们对水合物结构的认识。

19世纪30年代之后的20多年里，Von Stackelberg等用X射线对水合物晶体进行研究，得到了大量有关水合物结构的X射线衍射条纹照片[12]。以这些照片为基础，Claussem总结出水合物结构Ⅰ和水合物结构Ⅱ单元晶体的几何模型[13]。水合物结构的区分主要是由于连接水合物分子的氢键所连接水分子的数量以及方式上的不同。在上述两种基本的结构中，只存在大小两种晶穴。

水合物结构Ⅰ晶体单元由46个水分子组成，其中包含2个小晶穴和6个大晶穴，小晶穴由12个五边形组成，大晶穴由12个五边形和2个平行的六边形组成；水合物结构Ⅱ晶体单元由136个水分子组成，其中包含16个小晶穴和8个大晶穴，大晶穴由12个五边形和4个六边形组成，而小晶穴与结构Ⅰ形状相似。H型水合物是由Trimester等在1987年发现的一种新型结构的气体水合物[14-15]。与其他两种水合物（结构Ⅰ和结构Ⅱ）不同的是，H型水合物是一种二元水合物，即在稳定的H型水合物晶体结构包腔的3种大小不同的晶穴中必须包含两种客体分子，气体小分子（如甲烷）占据晶体包腔中的两个较小的晶穴，而烃类大分子（如环辛烷）则占据晶体包腔中较大的晶穴。H型水合物单元晶体包腔由34个水分子构成，每个单元晶体包腔包含3种大小不同的晶穴，其中两种较小的晶穴分别为由12个正五边形构成的十二面体（$5^{12}$）和由3个正方形、6个五边形、3个正六边形构成的十二面体（$4^3 5^6 6^3$），较大的一个晶穴是由12个正五边形和8个正六边形构成的二十面体（$5^{12} 6^8$）。从整体上看，H型水合物晶体结构的空间构型为菱形。图3-1-2和图3-1-3为结构Ⅰ、结构Ⅱ和H型水合物的晶体结构示意图[14-15]。在这些水合物的晶体中，水分子之间以氢键相互连接和作用，以形成较为规则的晶穴结构，并以此延伸成大的水合物晶体，而客体气体分子被包络在这些晶穴中。客体气体分子和主体水分子之间的相互作用是范德华力，它进一步增强了水合物晶体的稳定。结构Ⅰ、结构Ⅱ的单晶结构都是立方对称。但是，客体气体分子的形状、大小和分子极性能够影响晶穴的对称度，在各种对称度中，轴对称最为稳定。三种晶体结构中，每个笼形空隙最多只能容纳一个客体分子，客体分子与主体分子间以范德华力相互作用，这种作用力是水合物结构形成和稳定存在的关键。

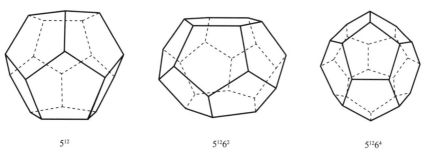

$5^{12}$                $5^{12}6^2$                $5^{12}6^4$

图3-1-2 结构Ⅰ、结构Ⅱ型水合物晶体结构示意图

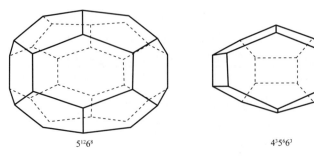

5¹²6⁸        4³5⁶6³

图 3-1-3　结构 H 型水合物晶体结构示意图

　　气体分子的大小对能否生成水合物、生成水合物的类型以及生成的水合物是否能够稳定存在至关重要。当气体分子太小则气体分子与水分子之间的范德华力太弱，无法生成稳定的水合物；若气体分子太大，则气体分子无法进入晶穴；只有当气体分子的大小与晶穴的尺寸相对应时最容易生成水合物，而且生成的水合物也稳定。一般来讲，当气体分子的直径为 4.1～5.4Å❶ 时，生成结构Ⅰ型水合物；当气体分子直径为 5.4～5.6Å 时，可以生成结构Ⅰ或结构Ⅱ型水合物；气体分子的直径为 3.7～4.1Å 或为 5.6～6.8Å 时生成结构Ⅱ型水合物。因为尺寸较小的外来分子不但可以进入小晶穴，也可以进入大的晶穴，所以分子的尺寸也能影响水合物的组成。

　　由于客体分子在晶穴中的分布是无序的，不同条件下晶体中的客体分子与主体分子的比例是不同的。水合物晶体由于具有规则的笼形空隙结构，使主体分子之间的间距大于液态水分子之间的间距，假如没有客体分子进入空隙，则晶体密度必然小于 1000kg/m³。在空隙中没有客体分子的理想状态下，结构Ⅰ和结构Ⅱ型水合物的密度分别为 796kg/m³ 和786kg/m³。笼形水合物晶体密度为 800～1200kg/m³，一般比水轻。

　　水合物的结构数据见表 3-1-1。

表 3-1-1　水合物结构数据

| 结构类型 | | 结构Ⅰ | 结构Ⅱ | 结构 H |
|---|---|---|---|---|
| 单位晶胞中水分子数目 | | 46 | 136 | 34 |
| 单位晶胞中小晶穴数目 | | 2 | 16 | 3 |
| 单位晶胞中中等晶穴数目 | | na. | na. | 2 |
| 单位晶胞中大晶穴数目 | | 6 | 8 | 1 |
| 小晶穴常数 | | 1/23 | 2/17 | na. |
| 大晶穴常数 | | 3/23 | 1/17 | na. |
| 晶体晶穴直径 /Å | 小 | 7.95 | 7.82 | 7.82 |
| | 中 | na. | na. | 8.12 |
| | 大 | 8.60 | 9.40 | 11.42 |

　　注：na. 表示还未得到相关数据。

❶ 1Å=0.1nm。

H 型结构的基本单位晶格由 34 个水分子组成。这三种基本单位晶格如图 3-1-4 所示[14-15]。

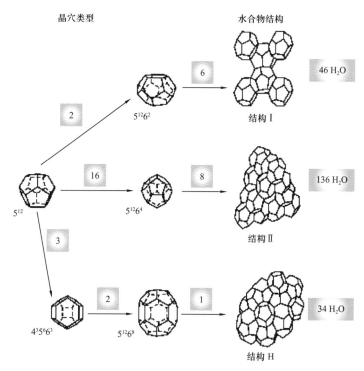

图 3-1-4 三种水合物晶腔示意图

虽然气体分子同水分子之间的范德华力是一种非常微弱的力，但是其大小、自身的热运动等性质对水合物的晶体参数有影响。水合物晶体的排列是规则的，但其水分子的位置是任意的，故晶体的方向是随机的。客体分子的尺寸、在晶格中的填充率和排列方向对气体水合物的生成、水合物的生成速度以及稳定性都起着决定性的作用。

虽然经过一个多世纪的研究，人们对有关气体水合物结构的情况有了一定的了解，但是还有一些结构数据处于设想阶段。由于气体水合物的结构是研究水合物组成、水合物生成动力学和相平衡的基础，因此有必要对其结构做更深入的研究，X 射线、核磁共振等现代光谱技术为了解水合物的内部结构提供了强有力的技术手段。

## 三、水合物物理性质

水合物是由 $N_2$、$CO_2$、$H_2S$ 和甲烷、乙烷、丙烷、异丁烷、正丁烷等分子在一定温度和压力条件下，与游离态水结合而生成的结晶笼状固体。其中，水分子（主体分子）借助氢键形成主体结晶网络，晶格中的晶穴内充满轻烃或非轻烃分子（客体分子），客体分子和主体分子之间依靠范德华力生成稳定性不同的水合物，其稳定性和结构与客体分子的大小、种类及外界条件等因素有关。水合物在外观上是白色或其他颜色的结晶物体。尽管天然气水合物是由无色的碳氢气体和水分子组成，但它并非全都呈现为白色，一些从墨西哥湾海底获取的天然气水合物就具有黄色、橙色以及红色等多种很鲜艳的颜色，而从大西洋海底取得的天然气水合物则呈现为灰色或蓝色。据估算，水合物中水分子和气体分子的摩尔分数分别占 85% 和 15%，因此水合物的密度与冰大致相等，但硬度和剪切模量小于冰，热导率和电阻率远小于冰且具有多孔性。其化学成分不稳定，通式为 $M \cdot nH_2O$，M 为水合物中的气体分子，$n$ 为水分子数。

水合物密度一般为 0.8~1.0g/cm³。对于不同类型水合物，其密度计算公式分别如下。

结构Ⅰ型水合物公式：

$$\rho_I = \frac{(46H_2O + 6M\alpha_1)(1/N)}{a^3} \quad (3-1-1)$$

结构Ⅱ型水合物公式：

$$\rho_{II} = \frac{(136H_2O + 8M\alpha_2)(1/N)}{a^3} \quad (3-1-2)$$

式中　$M$——客体分子的分子量；

　　　$\alpha_1$，$\alpha_2$——结构Ⅰ、结构Ⅱ型水合物的填充率；

　　　$N$——阿伏加德罗常数，取 $6.02 \times 10^{23}$；

　　　$a$——对于结构Ⅰ、结构Ⅱ型水合物，分别为 12.0 和 17.3。

## 第二节　水合物生成条件及影响因素

### 一、水合物的生成条件

大量研究表明，生成气体水合物需要一定的温度和压力条件。苏联学者罗泽鲍姆等认为：只有当系统中气体组分的压力大于其水合物的分解压力时，含饱和水蒸气的气体才有可能自发生成水合物，可以用逸度表示为：

$$f_{分解}^{水合物} < f_M^{系统} \leqslant f_M^{饱和}$$

在给定压力下，对于任何组分的天然气都存在水合物生成温度，低于这个温度则生成水合物，若高于这个温度则无法生成水合物；反过来，若给定温度，生成天然气水合物存在一个极限压力，高于这个压力则生成水合物，低于这个压力则无法生成水合物。

水合物的生成必须具备以下 4 个条件：

（1）气体必须处于水蒸气过饱和状态或有游离态水存在。天然气中有液态水，液态水是生成水合物的必要条件。天然气中液态水的来源有油气层内的地层水（底水、边水、间隙水）和地层条件下的气态水。这些气态的水蒸气随天然气产出时温度的下降而凝析成液态水。

（2）低温（通常小于 300K）是生成水合物的重要条件。采气中经过孔板流量计、节流气嘴以后，压力降低而引起温度降低，从而为水的凝析和水合物的生成创造了条件。

（3）高压也是生成水合物的重要条件。对组成相同的气体，水合物生成的温度随压力升高而升高，随压力降低而降低。也就是压力越高，越易生成水合物。

（4）合适的气体分子，要求分子直径大于 0.35nm，小于 0.9nm。

值得注意的是，当高于水合物生成的临界温度时，无论压力多大，也不会生成气体水合物。每种气体均有生成水合物的临界温度（表 3-2-1），高于此温度时，无论压力多高也不会生成水合物。另外，压力对临界温度也有影响。例如甲烷，在天然气采输过程常见的压力下，临界温度为 21.5℃；压力在 33～76 MPa 范围内，临界温度则上升至 28.8℃。

表 3-2-1 气体水合物的临界温度

| 气体名称 | 甲烷 | 乙烷 | 丙烷 | 异丁烷 | 正丁烷 | 二氧化碳 | 硫化氢 |
|---|---|---|---|---|---|---|---|
| 临界温度 /℃ | 21.5 | 14.5 | 5.5 | 2.5 | 1.0 | 10.0 | 29.0 |

水合物生成的温度和压力是气、液、水组成的函数，若天然气中含有硫化氢和二氧化碳，则在压力不变的条件下，会提高水合物的生成温度；在温度不变的条件下，会降低水合物的生成压力。也就是说，含硫化氢和二氧化碳的天然气更易生成水合物。如在 5MPa 的压力下，纯甲烷（$CH_4$）的水合物生成温度为 270K，当含有 2% 的硫化氢时，它的温度升高到 283K。在相同温度下，甲烷中加入 1% 的丙烷，可使水合物的生成压力降低 2.76MPa。

## 二、水合物生成机理

苏联学者 B.A. 尼基京首先提出气体水合物属于固体溶液的假设[13]，这种假设认为气体水合物是水分子与气体分子构成的络合物，按照固体溶液的理论，由水分子构成的结晶体晶格是"溶剂"，而被晶格的内部空腔所吸收的气体分子被看作"溶质"。生成水合物的物质 A 和水体系通常存在以下平衡：

$$A_气 + mH_2O_液 \Longleftrightarrow A \cdot mH_2O_固 \qquad (3-2-1)$$

$$A_气 + mH_2O_冰 \Longleftrightarrow A \cdot mH_2O \qquad (3-2-2)$$

在生成水合物时，体系中存在两种平衡，即准化学平衡和气体分子在晶穴中的物理吸附平衡。

首先，通过准化学反应生成化学计量型的基础水合物。这一过程可描述如下：

$$H_2O + \lambda_2 A \longrightarrow A_{\lambda_2} \cdot H_2O \qquad (3-2-3)$$

式中 $\lambda_2$——气体分子 A 的晶穴常数。

其次，由于基础水合物间存在空的晶穴，一些气体小分子（如 Ar、$N_2$、$O_2$、$CH_4$ 等）会吸附于其中，导致水合物的非化学计量性，用 Langmuir 吸附理论来描述气体分子填充连接孔的过程[13]。

天然气水合物的生成实际上是晶核形成和晶体成长的过程。在动力学上，水合物的生成被明确分为三步：具有临界半径晶核的形成；固态晶核的长大；组分向处于聚集状态晶核的固液界面转移。具有临界晶体半径晶核的形成过程如图 3-2-1 所示[13]。

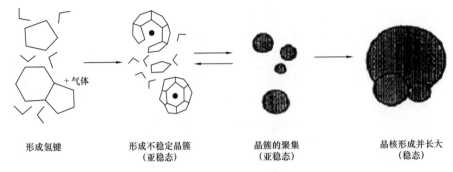

图 3-2-1　天然气水合物晶簇的生长图

晶核的形成比较困难，一般都包含一个诱导期，当过饱和溶液中的晶核达到某一稳定的临界尺寸，系统将自发进入水合物快速生长期，如图 3-2-2 所示。在一定压力条件下，当温度过冷到理论平衡线以下若干摄氏度时，天然气水合物结晶即可形成。诱导时间与过冷程度的经验函数关系式（诱导时间被定义为水与客体分子接触到形成水合物晶核这一过程所需的时间）如下：

$$\lg\tau=1.84\left(\Delta T-7.49\right)^{-0.225} \tag{3-2-4}$$

$$\Delta T=T_{eq}-T_{exp} \tag{3-2-5}$$

式中　$\tau$——诱导时间，min；

　　　$\Delta T$——过冷度，℃；

　　　$T_{eq}$——给定压力下水合物的平衡温度，℃；

　　　$T_{exp}$——实验温度，℃。

工业实践表明，过冷度不超过 7.49℃时，一般不会生成水合物；而过冷度超过 11.1℃时，在 25min 以内（甚至瞬间）就会生成水合物[13]。

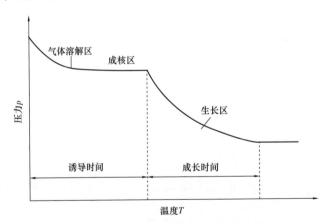

图 3-2-2　水合物生成动力学示意图

图 3-2-2 是一个水合物生成过程中压力随时间的变化示意图。通常把从实验开始到气相压力停止发生显著变化的区域称为溶解区；其后气相压力再次显著下降并渐趋稳定的区域称为生长区。诱导时间即为溶解区和成核区持续时间的总和。这些其实是为研究描述

的方便而从学理上的划分，事实上溶解阶段毫无疑问贯穿始终，而非仅仅一个溶解区；成核阶段从第一个晶核形成时就从未停息；生长阶段在晶核生成第一个水合物晶体后就持续存在。

水合物的生成过程与周围环境及水的状态有关，在融化的冰中最容易生长并聚集。通过建立热力学模型，根据天然气组分数据、水的形态等因素，可预测水合物生成的温度和压力条件。

### 三、水合物生成的影响因素

影响天然气水合物生成的因素有内因与外因，主要包括以下几个方面。

#### 1. 天然气组分

天然气组分组成是决定是否生成水合物的内因，组分组成不同的天然气，水合物生成温度不一样，甲烷含量越高，其生成水合物的温度就越低；压力越高，组分组成对水合物生成的温度影响就越小，压力越低，影响就相对较大；组分组成差异越大的气体，其水合物生成条件也相差越大。在同一温度下，当气体蒸气压升高时，生成水合物的先后次序分别是硫化氢→异丁烷→丙烷→乙烷→二氧化碳→甲烷→氮气。

#### 2. 酸性气体

对于同组分气体，酸性气体的含量越高，其生成水合物的温度越高，特别是硫化氢的含量增加，水合物温度变化最敏感。

#### 3. 电解质

对于含电解质的水溶液，其水合物的生成温度将会降低，这主要是由于离子在水溶液中产生离子效应，破坏了其离解平衡，同时也改变了水合离子的平衡常数，因而对水合物的生成有一定的影响，实验证明，随着天然气从井中带出的地层水的矿化度越高，水合物生成温度越低。经分析，这与溶液中水的活度系数有关。在水溶液中含有相同摩尔分数的氯化物，随着离子电荷数的增多，水的活度系数降低，即 $AlCl_3 < CaCl_2 < KCl$。水的活度系数与水相中不同的盐离子引起的水的混乱度以及离子的表面电荷等有关。离子电荷数越多，表面电荷越大，离子与水分子之间的相互作用力越强，水的混乱度越明显，相应地水的活度越低。水的活度越低越不易生成水合物。因此，$AlCl_3$ 溶液中甲烷水合物的生成条件要比 KCl 的高，并且水合物稳定存在的范围也小。

#### 4. 生产系统情况

在实际生产中，气体产量、地温梯度、油管直径以及螺纹连接处的密封好坏都与水合物的生成有关，油管内的温度随气体产量而变，因此，用调整产量的方法可改变水合物的生成温度，产量越高，井筒压力越低，水合物生成温度越低。另外，油管螺纹连接处的不密封性也能促进油管中水合物的生成，气流通过油管螺纹连接不密封处时，由于节流效应将使气流温度进一步降低，因此，在油管下井时采用液压油管钳上扣的方法对螺纹连接处密封是十分必要的。

### 5. 搅拌速率

搅拌速率是影响水合物生成的一个重要参数。搅拌速率越大，其水合物生成温度越高，这主要是由于一旦水合物中有晶核形成，增大搅拌速率，相当于增大晶种的堆积速率，因而其形成的时间越短，水合物生成温度越高。

## 四、水合物对生产的危害

水合物是在井筒中生成的，可能堵塞井筒、减少油气产量、损坏井筒内部的部件，甚至造成油气井停产；在作业过程中，影响工具的正常起下，如图3-2-3至图3-2-7所示。

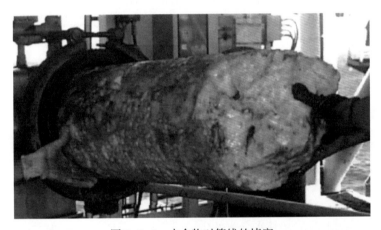

图 3-2-3　水合物对管线的堵塞

图 3-2-4　从井筒清出的水合物

图 3-2-5　闸板阀门内堵塞着大量的水合物

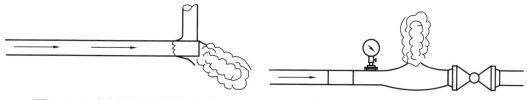

图 3-2-6　水合物移动至弯管处爆炸　　　图 3-2-7　巨大的动能产生爆管事件

当水合物分解后，在一定压差下可以迅速加速水合物段塞使其达到声速，引起巨大的力量，移动的水合物可以造成下游设备严重损坏，如控制阀、方向急剧改变的球座。

# 第三节　水合物生成预测方法

许多工程计算需要知道水合物的生成条件，理想的方法是通过实验测定，但是实验不可能满足现场需要的无穷多数据点，且这种方法不但耗时而且费钱。因此，准确预测气体水合物生成条件是水合物预测与防治技术的关键，目前水合物预测方法大致分为图解法、经验公式法、相平衡计算法和统计热力学法四大类。相平衡计算法比图解法精确，但比较麻烦，现场多用图解法。无论哪种方法，都能预测在某一压力和温度下是否生成水合物。

## 一、图解法

### 1. 密度曲线法

密度曲线法主要根据天然气的密度预测水合物生成条件，在矿场实际应用中是非常方便和有效的一种方法。

天然气从井底到井口，从井口到集气站，又从集气站到用户，沿线的温度和压力要逐渐降低，如需确定各点是否生成水合物，可利用图 3-3-1 中甲烷和相对密度为 0.6、0.7、0.8、0.9 和 1.0 的 5 种天然气预测生成水合物的压力和温度曲线[13]。曲线上每一个点对应的温度，即该点压力条件下水合物的生成温度。每条曲线的左区是水合物生成区，右区是非生成区。

该方法是依据实测数据归纳成的离散方法，不在曲线上的点需插值处理。由于相对密度是天然气的一个很粗略的反映，相对密度相同或相近的天然气，其组分和组成仍可能有相当大的差异，而水合物的生成条件一般对组分和组成很敏感。因而 API 数据手册中规定，密度曲线法只适用于天然气中酸气含量比较低的气体。

### 2. 节流曲线法

天然气在开采、输送过程中，通过节流阀时将产生急剧的压降和膨胀，温度将骤然降低，如需判断在某一节流压力下是否生成水合物，可利用相对密度为 0.6、0.7、0.8、0.9 和 1.0 的天然气节流压降与水合物关系图（图 3-3-2 至图 3-3-4）[16]。可以根据图中的节流前后压力，查控制节流后不生成水合物、节流前需要的温度。

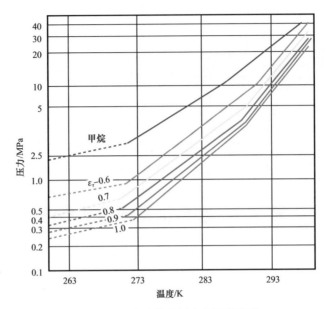

图 3-3-1　水合物的压力和温度曲线

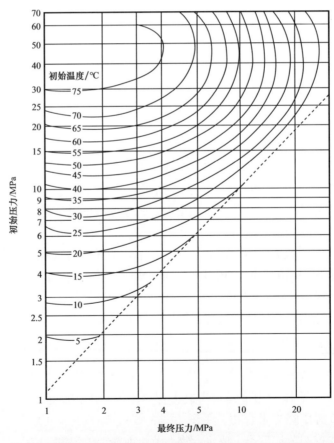

图 3-3-2　相对密度为 0.6 的天然气在不生成水合物条件下允许达到的膨胀程度

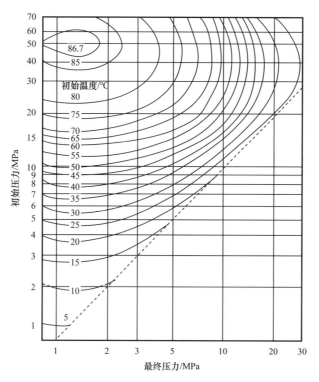

图 3-3-3 相对密度为 0.7 的天然气在不生成水合物条件下允许达到的膨胀程度

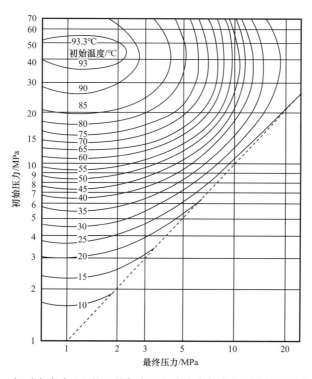

图 3-3-4 相对密度为 0.8 的天然气在不生成水合物条件下允许达到的膨胀程度

## 二、经验公式法

### 1. 波诺马列夫法

波诺马列夫对大量实验数据进行回归整理，得出不同密度的天然气水合物生成条件方程。

当 $T > 273.1K$ 时：

$$\lg p = -1.0055 + 0.0541(B + T - 273.15) \qquad (3-3-1)$$

当 $T \leqslant 273.1K$ 时：

$$\lg p = -1.0055 + 0.0541(B_1 + T - 273.15) \qquad (3-3-2)$$

式中　$p$——压力，kPa；

　　　$T$——水合物平衡温度，K；

　　　$B$，$B_1$——与天然气密度有关的系数，见表 3-3-1。

表 3-3-1　$B$ 和 $B_1$ 系数

| $\gamma_g$ | 0.56 | 0.60 | 0.64 | 0.66 | 0.68 | 0.70 | 0.75 | 0.80 | 0.85 | 0.90 | 0.95 | 1.00 |
|---|---|---|---|---|---|---|---|---|---|---|---|---|
| $B$ | 24.25 | 17.67 | 15.47 | 14.76 | 14.34 | 14.00 | 13.32 | 12.74 | 12.18 | 11.66 | 11.17 | 10.77 |
| $B_1$ | 77.40 | 64.20 | 48.60 | 46.90 | 45.60 | 44.40 | 42.00 | 39.90 | 37.90 | 36.20 | 34.50 | 33.10 |

例：已知天然气的物质的量组成（表 3-3-2），求天然气在 9.5574℃时的水合物生成压力。

表 3-3-2　某天然气的物质的量组成

| 组分 | 摩尔分数 /% |
|---|---|
| $C_1$ | 0.784 |
| $C_2$ | 0.060 |
| $C_3$ | 0.036 |
| $C_4$ | 0.024 |
| $N_2$ | 0.094 |
| $CO_2$ | 0.002 |

根据气体组成数据，求得气体相对密度。

由表 3-3-1 用内插法求得：

$$T = 273 + 9.5574 = 282.6 > 273.15$$

故 $p = 1.9MPa$。

### 2. 天然气水合物 $p$—$T$ 图的回归法

为了便于计算机应用，有人将相对密度为 0.5~1 的天然气水合物 $p$—$T$ 图回归成了计算公式：

$$p=10^{-3}\times10^{p_1} \tag{3-3-3}$$

其中：当 $\gamma_g=0.5539$ 时，$p_1=3.419517+5.202743\times10^{-2}T-5.307049\times10^{-5}T^2+3.98805\times10^{-6}T^3$；当 $\gamma_g=0.6$ 时，$p_1=3.009796+5.284026\times10^{-2}T-2.252739\times10^{-4}T^2+1.511213\times10^{-5}T^3$；当 $\gamma_g=0.7$ 时，$p_1=2.814824+5.019608\times10^{-2}T+3.722427\times10^{-4}T^2+3.781786\times10^{-6}T^3$；当 $\gamma_g=0.8$ 时，$p_1=2.70442+5.82964\times10^{-2}T-6.639789\times10^{-4}T^2+4.008056\times10^{-5}T^3$；当 $\gamma_g=0.9$ 时，$p_1=2.613081+5.715702\times10^{-2}T-1.871161\times10^{-4}T^2+1.93562\times10^{-5}T^3$；当 $\gamma_g=1.0$ 时，$p_1=2.527849+0.0625T-5.781353\times10^{-4}T^2+3.069745\times10^{-5}T^3$。

### 3. 其他经验公式

下面这几个天然气水合物预测公式是针对苏联和法国不同气田提出来的，对我国气田有一定借鉴作用，温度适用范围为 $0\sim25℃$。

舍别林斯基气田：

$$\lg p=0.085+0.0497（T+0.00505T）^2 \tag{3-3-4}$$

奥伦堡气田：

$$\lg p=0.891+0.0577T \tag{3-3-5}$$

乌连戈伊气田：

$$\lg p=1.4914+0.0381（T+0.01841T）^2 \tag{3-3-6}$$

法国拉克气田：

$$\lg p=0.602+0.0477T \tag{3-3-7}$$

乌连戈伊气田：

$$T=14.7\lg p-11.1 \tag{3-3-8}$$

### 4. 水合物生成条件预测的二次多项式

相对密度为 $0.6\sim1.1$ 的多种天然气在压力低于 30MPa 时，生成水合物的条件方程为：

$$\lg p=\alpha\left[（T-273.1）+K（T-273.1）^2\right]+\beta \tag{3-3-9}$$

式中 $\alpha$——在 $T=273.1K$ 时生成水合物的平衡压力；

$K$，$\beta$——与天然气相对密度有关的系数，见表3-3-3。

表3-3-3 系数 $K$ 和 $\beta$ 与天然气相对密度的关系

| 相对密度 | 0.56 | 0.60 | 0.70 | 0.80 | 0.90 | 1.00 | 1.10 |
|---|---|---|---|---|---|---|---|
| $K$ | 0.0140 | 0.0050 | 0.0075 | 0.0100 | 0.0127 | 0.0170 | 0.0200 |
| $\beta$ | 1.12 | 1.00 | 0.82 | 0.70 | 0.61 | 0.54 | 0.46 |

### 三、相平衡计算法

相平衡计算法的前提假设是：在天然气水合物分解过程中，气体的相对密度逐渐增加，类似于固体溶液。1941 年，卡兹提出了应用相平衡常数来计算天然气水合物的生成条件[17]：

$$K_i = Y_i / X_i \qquad (3-3-10)$$

式中　$Y_i$——组分 $i$ 在气相中的摩尔分数；

　　　$X_i$——组分 $i$ 在固相中的摩尔分数；

　　　$K_i$——组分 $i$ 的平衡常数。

对于不同的气体，卡兹等用实验测出了不同温度和压力下的平衡常数 $K$ 值，并绘制了相应曲线，同时也可应用相应的状态方程计算。对于天然气混合物，生成水合物应满足式（3-3-11）：

$$\sum_{i=1}^{n} \frac{Y_i}{K_i} = \sum_{i=1}^{n} X_i = 1 \qquad (3-3-11)$$

其计算方法与多组分体系的露点计算法相类似。

如果 $\sum_{i=1}^{n} \frac{Y_i}{K_i} > 1$，生成水合物，并能保持固相存在；如果 $\sum_{i=1}^{n} \frac{Y_i}{K_i} < 1$，则不能生成水合物。如果已知压力欲求水合物生成温度，可先假设一个初值（相当于赋初值），查出天然气中各组分气—固相平衡常数，按式（3-3-11）计算，如果 $\sum_{i=1}^{n} \frac{Y_i}{K_i} = 1$，假设温度即为所求；否则，须重新假设一个温度，并重复上述计算，直到满足时为止。

如果已知温度欲求生成水合物的压力，可先假设一个压力，按上述思路试算，直到满足式（3-3-11）为止。

计算方法与多组分体系的露点计算法相类似。在给定压力下，确定水合物生成温度的步骤是：

（1）假定一水合物生成温度；

（2）对于每一组分确定各自的 $K_i$ 值；

（3）对于每一组分计算 $Y_i/K_i$；

（4）求 $\sum_{i=1}^{n} \frac{Y_i}{K_i}$ 值；

（5）若 $\sum_{i=1}^{n} \frac{Y_i}{K_i} \neq 1$，则重复（1）至（4）步直至 $\sum_{i=1}^{n} \frac{Y_i}{K_i} = 1$。

对于已知温度，而需确定压力的情形，其计算步骤与前述一致，这一过程常用表解的方式给出。

当天然气中 $H_2S$ 浓度等于或大于 30% 时，则这种天然气生成水合物的温度大致与在纯 $H_2S$ 中生成水合物的温度相当。

## 四、统计热力学法

预测气体水合物的分子热力学模型是以相平衡理论为基础的。在天然气水合物体系中一般有三相共存，即水合物相、气相、富水相或冰相。根据相平衡准则，平衡时多组分体系中的每个组分在各相中的化学位相等。通常以水为参考对象，因此在平衡状态下，水在水合物相（H 相）中的化学位应等于水在富水相（W 相）中的化学位。根据分子热力学理论，生成天然气水合物的条件为：

$$\mu^{\mathrm{H}} = \mu^{\mathrm{W}} \qquad (3-3-12)$$

若以完全空的水合物相 β（晶格空腔未被水分子占据的假定状态）的化学位 $\mu^{\beta}$ 为基准，则有：

$$\mu^{\beta} - \mu^{\mathrm{H}} = \mu^{\beta} - \mu^{\mathrm{W}} \qquad (3-3-13)$$

或者

$$\Delta\mu^{\mathrm{H}} = \Delta\mu^{\mathrm{W}} \qquad (3-3-14)$$

由此可见，预测水合物生成条件的热力学模型是由描述固态水合物相的热力学模型和描述与其共存的富水相热力学模型两部分组成。

由范德华理论可知：

$$\Delta\mu^{\mathrm{H}} = \mu^{\beta} - \mu^{\mathrm{H}} = RT \sum_{i} \nu_{i} \ln\left(1 + \sum_{j} C_{ji} f_{j}\right) \qquad (3-3-15)$$

式中　$\mu^{\beta}$——完全空的水合物晶格中水的化学位；

　　　$\mu^{\mathrm{H}}$——完全填充的水合物晶格中水的化学位；

　　　$\mu^{\mathrm{W}}$——富水相中水的化学位；

　　　$\nu_{i}$——$i$ 型空腔的百分数；

　　　$C_{ji}$——$j$ 组分对 $i$ 型空腔的 Langmuir 常数；

　　　$f_{j}$——混合气体中 $j$ 组分的逸度，Pa。

Langmuir 常数 $C_{ji}$ 由式（3-3-16）计算：

$$C_{ij} = \frac{a_{ij}}{T} \exp\left(\frac{b_{ij}}{T} + \frac{d_{ij}}{T^2}\right) \qquad (3-3-16)$$

式中　$a_{ij}$，$b_{ij}$，$d_{ij}$——组分常数。

$\Delta\mu^{\mathrm{W}}$ 表示水在完全空的水合物结晶晶格（β 相）与水的化学位偏差。$\Delta\mu^{\mathrm{W}}$ 是温度、压力的函数，可由基本热力学关系式导出：

$$\mathrm{d}\left(\frac{\Delta\mu^{\mathrm{W}}}{RT}\right) = \frac{-\Delta H}{RT^2}\mathrm{d}T + \frac{\Delta V}{RT}\mathrm{d}p \qquad (3-3-17)$$

对式（3-3-17）积分可得：

$$\frac{\Delta \mu^{W}}{RT} = \frac{\Delta \mu_{W}^{0}}{RT_0} - \int_{T_0}^{T} \frac{\Delta h_{W}}{RT^2} dT + \int_{P_0}^{p} \frac{\Delta V_{W}}{RT} dp \qquad (3-3-18)$$

考虑到气体溶解到水中对化学位的影响，Parrish 和 Prausnitz 提出了 $\Delta \mu^{W}$ 计算式，经 Holder 等修改后如下：

$$\frac{\Delta \mu^{W}}{RT} = \frac{\Delta \mu_{W}^{0}}{RT_0} - \int_{T_0}^{T} \frac{\Delta h_{W}}{RT^2} dT + \int_{0}^{p} \frac{\Delta V_{W}}{RT} dp - \ln x_{W} \qquad (3-3-19)$$

式中    $\Delta h_{W}$——β 相和 W 相间的摩尔焓差；

$\Delta V_{W}$——β 相和 W 相间的体积差；

$x_{W}$——富水相中水的摩尔分数。

$x_{W}$ 需根据烃类气体在水中的溶解度 $x_j$ 算出。Holder 等推荐按式（3-3-20）计算溶解度：

$$x_j = f_j x_{0j} \exp\left[-\frac{\overline{V}_j (p-1)}{82.06T}\right] \qquad (3-3-20)$$

$$x_{0j} = \exp\left(A_{0j} + B_{0j} / T\right) \qquad (3-3-21)$$

式中    $f_j$——$j$ 组分在气相中的逸度；

$\overline{V}_j$——$j$ 组分在水中的偏摩尔体积（对乙烯取 60，其他组分均取 32）；

$A_{0j}$，$B_{0j}$——$j$ 组分的常数，见表 3-3-4。

富水相中水的摩尔分数可由式（3-3-22）求出：

$$x_{W} = 1 - \sum_{j \neq W} x_j \qquad (3-3-22)$$

表 3-3-4    方程（3-3-21）中的组分常数

| 组分 | $A_{0j}$ | $B_{0j}$ |
|---|---|---|
| $CH_4$ | −15.826277 | 1559.0631 |
| $C_2H_6$ | −18.400368 | 2410.4807 |
| $C_3H_8$ | −20.958631 | 3109.3910 |
| $i-C_4H_{10}$ | −20.108263 | 2739.7313 |
| $n-C_4H_{10}$ | −22.150557 | 3407.2181 |
| $C_2H_4$ | −18.057885 | 2626.6108 |
| $N_2$ | −17.934347 | 1933.3810 |
| $O_2$ | −17.160634 | 1914.1440 |
| $H_2S$ | −15.100351 | 2603.9795 |
| $CO_2$ | −14.283146 | 2050.3267 |

式（3-3-19）中右边第一相表示标准态（$T=T_0$，$p=0$）下的化学位偏差，第二、第三、第四项分别表示温度、压力和浓度的校正。

$\Delta h_{\mathrm{W}}$ 可按式（3-3-23）计算：

$$\Delta h_{\mathrm{W}} = \Delta h_{\mathrm{W}}^0 + \int_{T_0}^{T} \Delta C_{\mathrm{pW}} \mathrm{d}T \qquad (3-3-23)$$

$$\Delta C_{\mathrm{pW}} = \Delta C_{\mathrm{pW}}^0 + b(T - T_0) \qquad (3-3-24)$$

$\Delta h_{\mathrm{W}}^0$ 与 $\Delta C_{\mathrm{pW}}^0$ 分别表示 $T_0$ 时（一般取 $T_0=273.15\mathrm{K}$）β 相与纯水相的焓差与热容差，$b$ 则表示热容的温度系数，各参数取值参见表3-3-5。

表3-3-5　水合物热力学基础数据（$T_0=273.15\mathrm{K}$）

| 特性 | 单位 | 结构 I | 结构 II |
|---|---|---|---|
| $\Delta \mu_{\mathrm{W}}^0$ | J/mol | 1120 | 931 |
| $\Delta h_{\mathrm{W}}^0$（固） | J/mol | 1714 | 1400 |
| $\Delta h_{\mathrm{W}}^0$（液） | J/mol | −4207 | −4611 |
| $\Delta V_{\mathrm{W}}$（固） | cm³/mol | 2.9959 | 3.39644 |
| $\Delta V_{\mathrm{W}}$（液） | cm³/mol | 4.5959 | 4.99644 |
| $\Delta C_{\mathrm{pW}}^0$（$T>T_0$） | J/（mol·K） | −34.5830 | −36.8607 |
| $b$（$T>T_0$） | J/（mol·K） | 0.1890 | 0.1809 |
| $\Delta C_{\mathrm{pW}}^0$（$T<T_0$） | J/（mol·K） | 3.315 | 1.029 |
| $b$（$T<T_0$） | J/（mol·K） | 0.01210 | 0.00377 |

将式（3-3-23）、式（3-3-24）代入式（3-3-19），则有：

$$\frac{\Delta \mu^{\mathrm{W}}}{RT} = \frac{\Delta \mu_{\mathrm{W}}^0}{RT_0} - \int_{T_0}^{T} \frac{\Delta h_{\mathrm{W}}^0 + \int_{T_0}^{T} \Delta C_{\mathrm{pW}}^0 + b(T - T_0)\mathrm{d}T}{RT^2} \mathrm{d}T + \int_{p_0}^{p} \frac{\Delta V_{\mathrm{W}}}{RT} \mathrm{d}p - \ln x_{\mathrm{W}}$$

$$(3-3-25)$$

对式（3-3-25）进行积分得：

$$\frac{\Delta \mu^{\mathrm{W}}}{RT} = \frac{\Delta \mu_{\mathrm{W}}^0}{RT_0} - \frac{\Delta C_{\mathrm{pW}}^0 T_0 - \Delta h_{\mathrm{W}}^0 - \dfrac{b}{2} T_0^2}{R} \left( \frac{1}{T} - \frac{1}{T_0} \right) -$$

$$\frac{\Delta C_{\mathrm{pW}}^0 - b T_0}{R} \ln\left( \frac{T}{T_0} \right) - \frac{b}{2R}(T - T_0) + \frac{\Delta V_{\mathrm{W}}}{RT}(p - p_0) - \ln x_{\mathrm{W}} \qquad (3-3-26)$$

将式（3-3-15）代入式（3-3-26），得到：

$$\frac{\Delta\mu_{\mathrm{w}}^{0}}{RT_{0}} - \frac{\Delta C_{\mathrm{pW}}^{0}T_{0} - \Delta h_{\mathrm{w}}^{0} - \frac{b}{2}T_{0}^{2}}{R}\left(\frac{1}{T} - \frac{1}{T_{0}}\right) - \frac{\Delta C_{\mathrm{pW}}^{0} - bT_{0}}{R}\ln\left(\frac{T}{T_{0}}\right) -$$
$$\frac{b}{2R}(T - T_{0}) + \frac{\Delta V_{\mathrm{w}}}{RT}(p - p_{0}) = \sum_{i}\nu_{i}\ln\left(1 + \sum_{j}C_{ji}f_{j}\right) + \ln x_{\mathrm{w}}$$

（3-3-27）

未加入抑制剂时，式（3-3-27）即为水合物生成条件的预测公式。加入醇类等抑制剂后，式（3-3-27）中水的摩尔分数 $x_{\mathrm{w}}$ 改为 $a_{\mathrm{w}}$（$a_{\mathrm{w}} = x_{\mathrm{w}}\gamma_{\mathrm{w}}$），式（3-3-27）变化为：

$$\frac{\Delta\mu_{\mathrm{w}}^{0}}{RT_{0}} - \frac{\Delta C_{\mathrm{pW}}^{0}T_{0} - \Delta h_{\mathrm{w}}^{0} - \frac{b}{2}T_{0}^{2}}{R}\left(\frac{1}{T} - \frac{1}{T_{0}}\right) - \frac{\Delta C_{\mathrm{pW}}^{0} - bT_{0}}{R}\ln\left(\frac{T}{T_{0}}\right) -$$
$$\frac{b}{2R}(T - T_{0}) + \frac{\Delta V_{\mathrm{w}}}{RT}(p - p_{0}) = \sum_{i}\nu_{i}\ln\left(1 + \sum_{j}C_{ji}f_{j}\right) + \ln a_{\mathrm{w}}$$

（3-3-28）

其中：

$$\ln a_{\mathrm{W}} = \ln f_{\mathrm{W}}^{\alpha} / f_{\mathrm{W}}^{0} = \ln\left(x_{\mathrm{W}}\gamma_{\mathrm{W}}\right)$$

（3-3-29）

$$x_{\mathrm{W}} = 1 - \sum_{j\neq\mathrm{W}}x_{j}$$

（3-3-30）

式中　$f_{\mathrm{w}}^{\alpha}$——水在 α 相中的逸度，Pa；

　　　$f_{\mathrm{w}}^{0}$——纯水在相同温度和压力下的逸度，Pa。

若已知压力，求水合物生成温度时：

（1）首先确定某种水合物结构类型。

（2）根据已知组成和压力，计算天然气的露点 $T_{\mathrm{d}}$（忽略微量水的影响）。

（3）估计水合物生成温度的初值 $T_{\mathrm{H}}$。

（4）比较 $T_{\mathrm{d}}$ 和 $T_{\mathrm{H}}$，初步判断体系在 $T_{\mathrm{H}}$ 下有无富烃液相出现：若 $T_{\mathrm{H}} > T_{\mathrm{d}}$，表明无烃液相；反之，则有烃液相。

（5）若有液态出现，则按两相闪蒸计算气相组成和各组分逸度 $f_{j}$，否则按给定干气组成直接计算 $f_{j}$。

（6）计算气体溶解度 $x_{j}$ 和水的摩尔分数。

（7）由 $T_{\mathrm{H}}$ 计算 $C_{ji}$。

（8）对某一结构，如果式（3-3-27）成立，则得到给定压力 $p$ 下水合物生成温度 $T_{\mathrm{H}}$；如果不成立，更新 $T_{\mathrm{H}}$ 值，返回（3）重新计算。

计算时要分别计算出结构Ⅰ和结构Ⅱ水合物的生成温度，比较温度值，温度较高的结构即为水合物结构。

图解法通过查图版得到水合物生成的大致压力、温度条件，该方法简单、方便，但不便于使用计算机计算，且误差较大；经验公式法中常用的是波诺马列夫法，此方法操作简单，便于进行简单预测；1941年，Katz 提出了相平衡计算法，通过引入相平衡常数 $K$ 来计算天然气水合物生成条件，该法适用于典型烷烃组成的无硫天然气，而对非烃含量多的气体或高压气体，准确性较差；统计热力学模型推导出了预测天然气水合物生成条件的统计热力学法，它适合计算机编程计算，是一种计算相对准确的方法。各种方法对比见表 3-3-6，目前大多数商业软件均采用统计热力学算法。

表 3-3-6　天然气水合物预测方法对比表

| 方法 | 优点 | 缺点 |
|------|------|------|
| 图解法 | 简便，易于操作 | 需计算各节点处天然气相对密度 |
| 波诺马列夫公式 | 简便，可计算出各层形成条件区间表，便于查找 | 连续性较差 |
| $p-T$ 相图回归公式 | 可通过计算得到各层曲线，便于查找 | 计算较为复杂 |
| 气田经验公式 | 适合气田特点 | 需要大量统计数据 |
| 二次多项式 | 简便，可计算出各层形成条件区间表，便于查找 | 连续性较差 |
| 统计热力学法 | 连续性好、适用性强 | 计算复杂，现场应用困难 |
| 相平衡计算法 | 连续性好、适用性强 | 计算复杂，现场应用困难 |

# 第四节　水合物生成防治

## 一、除水法

除水法是通过除去引起水合物生成的水分子来抑制水合物。通常有吸湿溶剂、化学吸附和物理吸附 3 种处理方法。吸湿溶剂一般选取二甘醇，由其与气体接触，通过氢键吸收水分子。化学吸附方法由于吸附剂无法再生，目前已经不再采用。物理吸附方法指采用分子筛、氧化铝或硅胶等可选择性吸附水分子的固体与气体接触，以降低气相中的水浓度。此项技术有一定的局限性。由于水合物的生成并不是绝对需要自由水相的存在，如果水合物晶核或自由水吸附于壁面或其他地方，则物理吸附法的作用有限。尽管液烃相中的水浓度十分低，水合物也可以很容易在液烃相中生长。另外，某些偶发事件也会导致自由水的存在，进而导致水合物生成并堵塞管线。

### 1. 固体吸附剂吸附法

选用特定的高效固体吸附剂，选择固体吸附剂通常应满足下列要求：

（1）有强的选择性吸附水分子能力；

（2）能再生和多次重复使用；

（3）机械强度高，化学稳定性好；

（4）资源广泛，价格低廉。

常用的固体吸附剂主要有硅胶和各种分子筛。采用固体吸附剂脱水已形成成熟的工艺技术。

## 2. 液体吸收法

天然气脱水常用的液体吸收剂有乙二醇、二甘醇、三甘醇和四甘醇等。如果要求脱水后气体露点降到 $-40\sim-20$℃时，选用三甘醇脱水为好，使用乙二醇和二甘醇时损失较大，而三甘醇以其较大的露点降低、技术上的可靠性和经济上的合理性而在天然气脱水中得到普遍使用。

## 3. 冷却法

冷却法可分为先压缩后冷却和预先对气体进行深度冷冻两种。采用的冷却措施有氨循环制冷、节流膨胀、膨胀机制冷等。对高温、高压天然气，使用冷却法脱水比较经济。

## 二、温度控制法

温度控制有两种途径：一种是加热天然气，使其温度高于水合物生成温度；另一种是降低水合物的生成温度，使其低于天然气的温度。

### 1. 蒸汽加热

由锅炉产生的饱和水蒸气经蒸汽管线进入换热器的壳程，与气管中的天然气进行逆流换热，换热后蒸汽凝析成水，并依靠换热器和锅炉回水之间的高差形成压头，在克服了回水管线的摩阻后自动流回锅炉。如此不断循环加热天然气，提高气流温度。

### 2. 管线加热技术

根据水合物惧温特性，将采油树通电加热（电热带缠绕在采油树上，外裹保温层），可防止井口附近发生冰堵和蜡堵。冬季设置温度 60℃为宜，夏季设置 40℃，根据早晚实际温差可作适当调整。该方法避免了高压作业，具有安全、方便、卫生的特点（以前热水浇淋井口的方法已被淘汰）。

通过对管线加热，使体系温度高于系统压力下的水—水合物—气三相平衡温度，水合物受热分解，避免堵塞管线。英国一些公司和研究机构致力于研究和测试多相海底管线的电加热，以防止在减少流量时发生水合物堵塞，直接电加热系统由安装在需加热部件上的电缆组成，加电量由热负荷、管线材料和管线长度决定。

电缆加热的投入费用大，现场需要一定的设施，如供电设施等。目前的各大油田气井测试或生产中，地面一般采用水套加热炉对采出地面气体进行加热，防止地面流程或井口装置等处生成水合物，应用效果良好。

### 3. 水套炉加热

水套炉是以水作为传热介质的间接加热设备，天然气燃烧器喷出的高温火焰直接加热焰火管和烟气出口管，焰火管和烟气出口管附近的水受热后因密度减小而上升，与气盘管接触传热后温度下降，又因密度增加而下沉，被加热后又上升，如此不断循环，以加热气盘管内的天然气，达到提高气流温度的目的。

### 4.井下气嘴节流法

安装井下气嘴，在井下实现节流降压，并可利用地层热量对节流后的降温气流进行加热升温，可以大大降低井筒上部压力和井口压力，防止井筒内生成水合物，提高井口及地面设备安全程度。目前，井下节流技术不但在胜利、四川、新疆等油田的气井测试与生产中得到了成功的应用，而且在长庆油田也应用得比较好，对苏里格气田水合物防治起到了非常重要的作用，取消了加热炉，简化地面流程，获得了比较好的效果。

但此法当井流物中含有硫、凝析油、岩屑、结垢物、积水和钻井液等时不宜采用。

井下节流防止水合物最主要的功效是大大降低了管线中的压力，破坏了水合物的生成条件。为了防止水合物生成，节流后气流温度必须高于节流后压力条件下的水合物生成初始温度。节流后气流温度与井下节流器所在位置的井温有关。井下节流器下入深度超过某一值时，节流后节流器以上气流温度就能保证在水合物生成温度之上，这一深度即为井下节流器的最小下入深度。

$$L_{\min} \geqslant M_0\left[(t_h+273)\beta_k^{-Z(k-1)/k}-273-t_0\right] \qquad (3-4-1)$$

式中　$L_{\min}$——节流器最小下入深度，m；

$M_0$——地温增率，m/℃；

$t_h$——水合物生成温度，℃；

$t_0$——地面平均温度，℃；

$\beta_k$——临界压力比；

$k$——天然气的绝热指数。

### 5.隔热保温法

在油管上部适当部位的外壁涂敷隔热层，或在环形空间充填隔热防冻层，可以减少油管气流向周围地层的散热损失，提高气流流至井口时的温度，从而防止在井筒中生成水合物。由于一般在油管上部容易生成水合物，因此可以在生成水合物部位以上使用隔热油管或者涂层保温油管。目前地面的集输管线主要通过埋地隔热。对于油田，一般可以在井深300m以上部位使用隔热油管，成本也不是很高，可以避免由于温差太大而导致散热太快。

## 三、压力控制法

压力控制法就是降低天然气压力，也称为降压法。降压法的实质在于破坏水合物的平衡状态，使水合物不能生成或使已生成的水合物分解。降压法可采取以下三种方式进行：

（1）停止向生成水合物塞的输气管线供气，并在水合物塞两端由管线向大气放空降压，使水合物塞处于分解压力以下；

（2）从水合物塞两边关闭输气管线，并把封闭在冰塞和阀门之间的天然气向大气放空；

（3）调整气井产量可以改变井筒中压力和温度分布，使井筒中压力和温度处于水合物生成条件之外。

### 四、油管内涂厌水层法

这是一种降低工艺设备和管道内表面结晶水合物附着力的方法。这种方法不能阻止水合物结晶，但可以明显降低水合物晶粒在管壁上的附着力，使生成的水合物晶粒很容易被气流带走。可降低附着力的厌水材料有碳氢化合物冷凝液、轻质油以及基于有机硅的分子膜等。除了管线内涂厌水层，还可以减小管线的粗糙度，减少管线的水合物黏附力，美国的一家输气公司认为，管道进行内涂后，管壁粗糙度可降低90%。

目前在试井时防止水合物黏附在管壁上的方法是向气流中注入石油产品或表面活性剂，在管壁上形成憎水性液膜，此时疏松的水合物很容易被气流带走。在液体和固体物质的表面覆盖一层极薄的表面活性剂，可以改变水合物和管壁互相作用的条件。石油产品或表面活性剂水溶液的水合物不黏附管壁，它们只能在正温度范围内使用。由15%～20%（体积分数）的盐类油脂和80%～85%的稳定凝析油组成的混合物也能防止水合物在管壁上堆积，其消耗量为$5\sim6mL/m^3$。

### 五、化学剂抑制法

#### 1. 添加热力学抑制剂

化学抑制剂分动力学抑制剂和热力学抑制剂，热力学抑制剂以甲醇和乙二醇应用最为广泛。

通过向管线中注入热力学抑制剂，破坏水合物的氢键，提高水合物生成压力，降低生成温度，以此来抑制水合物的生成。在海上水合物控制操作中，甲醇和乙二醇是最普遍使用的水合物抑制剂。醇的添加会影响气体水合物晶体的形态及结晶凝聚特征。抑制效果取决于醇注入速率、注入时间、注入量以及注入抑制剂是否与天然气均匀混合等参数。

水合物热力学抑制剂应用得较早，在油气工业中使用较普遍。具体做法是向生产设备及天然气输送管线中加入甲醇、乙二醇等热力学抑制剂。因为这些药剂的加入改变了水合物生成的热力学条件，使水合物平衡温度变得更低，平衡压力变得更高，这样就达到了在一定温度、压力范围内抑制水合物生成的目的。但是当抑制剂的浓度较低时（1%～5%），却有相反的效果。

一般认为，热力学抑制剂的作用是使水的活度系数降低。溶液中加入醇类或者电解质后，溶液的相平衡被改变。结合水合物的生成条件，要向更高的压力或者更低的温度变化，从而抑制水合物的生成。现场生产中为达到有效的水合物抑制效果，需添加足够数量的抑制剂，使水合物的热力学平衡条件高于管线的压力、温度条件。

热力学抑制剂法在油气生产中已得到了较广泛的应用。但该方法抑制剂的加入量较多，在水溶液中的浓度一般为10%～60%，成本较高，相应的储存、运输、注入等成本也较高；另外，抑制剂的损失也较大，并会带来环境污染等问题。

#### 2. 添加动力学抑制剂

通过向井筒或管线中注入动力学抑制剂，抑制水合物的成核时间，以此来抑制水合物的生成。它包括以表面活性剂为基础的防聚剂和阻止晶核生长的动力学抑制剂。近年来国外正在开发几种新型的水合物抑制剂，即动态抑制剂和防聚剂，它们抑制水合物生成的机理与热力学抑制剂不同，加入量很少，一般质量浓度低于3%，成本较低，经济可行，对人体和环境伤害小，已在一些油气田中试用。

动力学抑制剂的作用原理主要是：在可生成水合物的热力学条件下推迟水合物成核和晶体生长的时间，从而使管线中井流物在其温度低于水合物生成温度若干摄氏度（即在一定过冷度 $\Delta T$）下流动，而不出现水合物堵塞问题。水合物动力学抑制剂是一些水溶性或水分散性的聚合物，可以设想，它们是在水合物成核和生长的初期吸附在水合物颗粒表面上，从而防止该颗粒达到热力学条件下对其生长有利的临界尺寸，或者使已达到临界尺寸的颗粒缓慢生成。

动力学抑制剂性质应满足下列要求：

（1）能有效降低水合物生成温度；

（2）与气、液组分不发生化学反应；

（3）不增加气体和燃烧产物的毒性；

（4）不腐蚀设备和管道，完全溶于水，可再生。

预防水合物生成的效果除取决于加入抑制剂的位置外，还应保证抑制剂在管线和工艺设备中同气—液流均匀接触。抑制剂应在可能生成水合物的位置之前加入。为了确定加入抑制剂的时间和位置，必须考虑含水量、气体组成、水的物化性质、凝析油组成、产量、温度变化等因素。

# 第四章  气井井下节流技术原理

天然气节流是一个降压降温过程，常规的地面节流工艺在节流前需要对天然气进行加热，以免节流后气流温度过低而生成水合物堵塞。而井下节流工艺是将井下节流器安装于油管内适当位置，实现井筒内节流降压的一种采气工艺技术。该工艺将地面节流过程转移至井筒之中，可利用地层热能对节流后的低温天然气加热，从而降低井筒和地面管线压力和水合物生成温度，防止生成水合物堵塞，同时提高采气集输系统安全性，降低生产运行和集输管网成本。

## 第一节  井下节流工艺基础理论

### 一、节流的定义及其热力学描述

流体通过流通截面忽然缩小的孔道时，由于局部阻力大，流体压力降低，并伴随温度变化，该过程在热力学中称节流现象。节流现象广泛存在于油气开采工艺过程中，如油气通过井口油嘴、针阀、井下油嘴、井下安全阀等节流部件的流动。井下节流工艺依靠井下专用设备实现井筒节流降压，利用地温加热，使得节流后井口气流温度基本恢复到节流前温度，从而有利于解决气井生产过程中井筒及地面诸多技术难题。

节流过程是一种典型的不可逆过程。图 4-1-1 为气体流经一孔口时节流过程的示意图。当气体流向孔口时，在孔口附近气流的截面积发生收缩，气体的压力降低、流速增大，直到流过孔口时气流的截面积达到最小。然后气流的截面积又逐渐增大，气体的压力逐渐提高，流速逐渐降低，最后达到稳定。由于孔口附近发生激烈的扰动及涡流，造成不可逆的压力损失，因而当气流恢复稳定时，气体的压力 $p_2$ 较节流前稳定气流的压力 $p_1$ 要低。

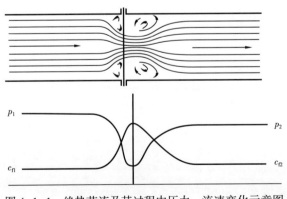

图 4-1-1  绝热节流及其过程中压力、流速变化示意图

一般情况下，在节流过程中气流与外界的热交换可以忽略不计，可以认为节流过程是绝热过程，故称为绝热节流。节流前后稳定气流的流速变化很小，故气体动能的变化比气体的焓值要小得多，可以忽略不计。此外，节流过程中对外无有用功，且气体的位能变化一般很小，可以忽略不计，因而根据稳定流动能量方程式可得：

$$h_2 = h_1 \qquad (4-1-1)$$

即在节流前后气体的焓值 $H$ 相等。但必须指出，在节流过程中，特别是在孔口附近，气体的流速变化很大，气体的焓值变化也很大，处于非平衡状态，因而不能把节流过程叫作定焓过程。由于扰动、涡流等不可逆因素的影响，绝热节流过程中气体的熵将增加。根据热力学普遍关系式：

$$TdS = dH - vdp \qquad (4-1-2)$$

式中　$T$——温度，K；

　　　$S$——熵，J/（mol·K）；

　　　$v$——比容，m³/kg；

　　　$p$——压强，Pa。

考虑到绝热节流前后（远离节流气嘴）气体的焓不变，可以按可逆的定焓过程来确定节流前后气体熵 $S$ 的变化。当 $dH=0$ 时，可以得到：

$$dS_H = \left(\frac{-vdp}{T}\right)_H \qquad (4-1-3)$$

节流过程是绝热过程，故气体熵的增加意味着气体做功能力的损失。因此，虽然经绝热节流后气体的焓并未变化，但气体的有用能却降低了，也就是说，气体做出轴功的能力减小了。

根据绝热节流前后气体的焓值相等和节流后气体压力下降的特点，绝热节流前后气体温度的变化可按式（4-1-4）来确定：

$$dT = \left(\frac{\partial T}{\partial p}\right)_H dp \qquad (4-1-4)$$

式中 $(\partial T / \partial p)_H$ 称为焦耳–汤姆孙效应，用焦耳–汤姆孙系数 $\mu_J$ 来表示，即

$$\mu_J = \left(\frac{\partial T}{\partial p}\right)_H \qquad (4-1-5)$$

$\mu_J$ 随气体状态而变化的关系式，可以根据焓的普遍关系式来求取。按照：

$$dH = c_p dT - \left[\left(\frac{\partial v}{\partial T}\right)_p - v\right]dp \qquad (4-1-6)$$

式中　$c_p$——气体的定压比热容，J/（K·kg）。

若温度 $T$ 为 $H$、$p$ 的函数，则当把 d$T$ 展开为全微分表达式时，式（4-1-6）可表示为：

$$dH = c_p \left[ \left( \frac{\partial T}{\partial H} \right)_p dH + \left( \frac{\partial T}{\partial p} \right)_H dp \right] - \left[ T \left( \frac{\partial v}{\partial T} \right)_p - v \right] dp \tag{4-1-7}$$

对于绝热节流过程，有 d$H$=0 及 d$p \neq 0$。因此，式（4-1-7）可以改写为：

$$c_p \left( \frac{\partial T}{\partial p} \right)_H - \left[ T \left( \frac{\partial v}{\partial T} \right)_p - v \right] = 0 \tag{4-1-8}$$

这样，可得到焦耳－汤姆孙系数的关系式为：

$$\mu_J = \left( \frac{\partial T}{\partial p} \right)_H = \frac{T \left( \frac{\partial v}{\partial T} \right)_p - v}{c_p} \tag{4-1-9}$$

于是，气体绝热节流前后的温度变化为：

$$dT = \left( \frac{\partial T}{\partial p} \right)_p dp = \mu_J dp = \frac{T \left( \frac{\partial v}{\partial T} \right)_p - v}{c_p} dp \tag{4-1-10}$$

当气体由状态 1 经绝热节流变化到状态 2 时，其温度变化为：

$$T_2 - T_1 = \int_{p_1}^{p_2} \mu_J dp = \int_{p_1}^{p_2} \frac{T \left( \frac{\partial v}{\partial T} \right)_p - v}{c_p} dp \tag{4-1-11}$$

对于理想气体，按状态方程式：

$$pv = RT \tag{4-1-12}$$

可以得到：

$$\left( \frac{\partial v}{\partial T} \right)_p = \frac{R}{p} \tag{4-1-13}$$

代入焦耳－汤姆孙系数的关系式可得：

$$\mu_J = 0 \tag{4-1-14}$$

从而可得：

$$T_2 = T_1 \tag{4-1-15}$$

也就是说，在任何状态下理想气体的焦耳－汤姆孙系数为零，因而在任何状态下理想气体节流前后的温度相等。实际气体经绝热节流后温度一般都会发生变化，如何变化取

决于 $\left[T\left(\dfrac{\partial v}{\partial T}\right)_p-v\right]$ 的正负，视其状态方程的具体形式和节流前气体的状态而定。由于节流过程中 $dp$ 恒为负，于是：

（1）当 $T\left(\dfrac{\partial v}{\partial T}\right)_p-v>0$ 时，$\mu_{\mathrm{J}}$ 为正，节流后温度降低，称节流冷效应；

（2）当 $T\left(\dfrac{\partial v}{\partial T}\right)_p-v<0$ 时，$\mu_{\mathrm{J}}$ 为负，节流后温度升高，称节流热效应；

（3）当 $T\left(\dfrac{\partial v}{\partial T}\right)_p-v=0$ 时，$\mu_{\mathrm{J}}$ 为零，节流后温度不变，称节流零效应。

图 4-1-2 和图 4-1-3 分别为使用 BWRS 方程计算得到的甲烷和天然气混合物（组成为甲烷95%，乙烷1%，丙烷1%，二氧化碳3%）节流后温度随压力的变化曲线[10]。图中每条曲线对应于不同的入口条件（相应于不同的焓值）。可以看出，两图具有相同的变化规律，每条等焓线均在某个压力点具有一个温度峰值，即存在拐点。在拐点处 $(\partial T/\partial p)_H=0$，即节流时温度不变；在拐点左侧，随着压力的降低，温度下降，即 $(\partial T/\partial p)_H>0$；在拐点右侧，随着压力降低，温度升高，即 $(\partial T/\partial p)_H<0$。即天然气节流后温度的变化亦存在三种可能性。

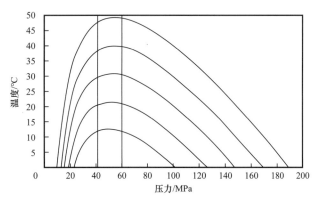

图 4-1-2　甲烷节流后温度随压力的变化

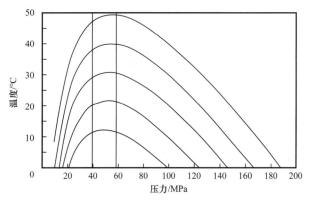

图 4-1-3　天然气节流后温度随压力的变化

由图 4-1-2 和图 4-1-3 中还可看出，对天然气（甲烷）而言，拐点的数值基本在 40～60MPa 范围内，当压力低于 40MPa 时，天然气节流后温度降低，当压力高于 60MPa 时，天然气节流后温度上升。由于目前常见的天然气井压力一般在 40MPa 以下，因而通常认为天然气节流产生温降效应，但随着高压或超高压气井的开发，这一结论将不再成立。

## 二、节流的气体动力学描述及临界流动状态

气体在通过节流孔道时，流速非常高，这时必须考虑气体可压缩性的影响。

根据气体动力学原理，气体可压缩性的大小可由气体声速 $c$ 表示，其表达式为：

$$c = \sqrt{\frac{dp}{d\rho}} \qquad (4-1-16)$$

对于完全气体，则有：

$$c = \sqrt{k\frac{p}{\rho}} = \sqrt{kRT} \qquad (4-1-17)$$

式中　$\rho$——气体密度，$kg/m^3$；

　　　$k$——气体绝热指数。

流动气体的可压缩性可由气流马赫数 $Ma$ 表示，其定义为气体流速 $u$ 与当地气体声速 $c$ 之比：

$$Ma = \frac{u}{c} \qquad (4-1-18)$$

由一维定常绝能流动的能量方程可导出气流的滞止焓（总焓）$H^*$ 为：

$$H^* = H + \frac{u^2}{2} \qquad (4-1-19)$$

式中　$H$——静焓。

式（4-1-29）表示气流所具有的总能量等于静焓与气流动能之和。

由于对完全气体有：

$$H = c_p T \qquad (4-1-20)$$

则有：

$$T^* = T + \frac{u^2}{2c_p} \qquad (4-1-21)$$

式中　$T^*$——气流的滞止温度或总温，它是把气流速度绝能滞止到零时的温度，它也反映气流总能量的大小；

　　　$T$——静温。

将 $c_p = \dfrac{k}{k-1}R$ ， $Ma^2 = \dfrac{u^2}{c^2} = \dfrac{u^2}{kRT}$ 代入式（4-1-21），则有：

$$\frac{T^*}{T} = 1 + \frac{k-1}{2}Ma^2 \tag{4-1-22}$$

将气流速度绝能等熵地滞止到零时的压力和密度分别定义为滞止压力和滞止密度，分别用 $p^*$ 和 $\rho^*$ 表示。对于完全气体，由等熵关系式分别可得：

$$\frac{p^*}{p} = \left(1 + \frac{k-1}{2}Ma^2\right)^{\frac{k}{k-1}} \tag{4-1-23}$$

$$\frac{\rho^*}{\rho} = \left(1 + \frac{k-1}{2}Ma^2\right)^{\frac{1}{k-1}} \tag{4-1-24}$$

由于临界状态是指流体在节流孔道内被加速到声速时的流动状态。将临界状态下 $Ma=1$ 的条件代入方程（4-1-22）、方程（4-1-23）和方程（4-1-24），可得完全气体定熵流动时临界参数与滞止参数间的关系为：

$$\frac{T_{cr}}{T^*} = \frac{2}{k+1} \tag{4-1-25}$$

$$\frac{p_{cr}}{p^*} = \left(\frac{2}{k+1}\right)^{\frac{k}{k-1}} \tag{4-1-26}$$

$$\frac{\rho_{cr}}{\rho^*} = \left(\frac{2}{k+1}\right)^{\frac{1}{k-1}} \tag{4-1-27}$$

式中　$T_{cr}$，$p_{cr}$，$\rho_{cr}$——气体定熵流动时的临界温度、临界压力、临界密度。

在节流孔道中，气流速度的变化非常大。一般情况下，进口流速和出口流速相比，其数值可以忽略不计。工程上分析节流过程时，通常将气体的进口状态近似地看作滞止状态，临界状态下节流孔道出口压力为 $p_{cr}$，因而通常采用式（4-1-28）作为确定节流过程是否达到临界流的判别式：

$$\frac{p_{cr}}{p_1} = \left(\frac{2}{k+1}\right)^{\frac{k}{k-1}} \tag{4-1-28}$$

判别条件为：

（1） $\dfrac{p_2}{p_1} < \dfrac{p_{cr}}{p_1} = \left(\dfrac{2}{k+1}\right)^{\frac{k}{k-1}}$ 时，气体为声速流动，节流处于临界流状态；

（2）$\dfrac{p_2}{p_1} \geqslant \dfrac{p_{cr}}{p_1} = \left(\dfrac{2}{k+1}\right)^{\frac{k}{k-1}}$ 时，气体为亚声速流动，节流处于非临界流状态。

其中，$p_1$ 为气体节流入口端压力；$p_2$ 为节流出口端压力。判别式（4-1-28）表明，临界压力比仅与等熵指数 $k$ 值有关。当气体的性质一定时，临界压力比就有确定的数值。在实际估算时，可取单原子气体的 $k$=1.67、双原子气体的 $k$=1.40 及多原子气体的 $k$=1.30，因此：

（1）对于单原子气体，$\dfrac{p_{cr}}{p_1} = 0.487$；

（2）对于双原子气体，$\dfrac{p_{cr}}{p_1} = 0.528$；

（3）对于多原子气体，$\dfrac{p_{cr}}{p_1} = 0.546$。

天然气为多原子气体，工程上一般认为 $\dfrac{p_2}{p_1} < 0.55$ 时，节流就已达到临界流状态。

## 三、气体通过节流器时的流动特性

气体通过节流器气嘴的流动如图4-1-4所示。在节流器上游压力 $p_1$ 不变的情况下，随下游压力（背压）$p_B$ 的变化，可将气体流经节流器的流量变化情况描述如下：

（1）当 $\dfrac{p_B}{p_1} = 1$，即 $p_1$=$p_B$ 时，节流器中没有流动；

（2）当 $\dfrac{p_B}{p_1} < 1$ 时，节流器中产生流动。

当气井开井时由于节流器的作用，气体流速和比容沿节流器轴线方向增大，而气流压力则沿节流器轴线方向减小。在出口截面2—2处，气体流速达到最大，压力达到最小，且等于背压，即 $p_2$=$p_B$。

继续降低背压 $p_B$，节流器出口气体流速继续增大，出口压力 $p_2$ 亦随背压 $p_B$ 降低而降低，但始终保持与背压相等。当背压 $p_B$ 降低到某一临界值 $p_{cr}$（临界压力）时，节流器出口气体流速达到当地声速，出口压力仍等于背压，即 $p_2$=$p_B$=$p_{cr}$，这时出口流量达到最大值。当背压继续减小到低于临界压力，即 $p_B < p_{cr}$ 时，节流器出口气体流速仍为声速。由于压力扰动向上游传播的速度不会超过声速，因此由压力差（$p_{cr}-p_B$）引起的扰动不可能逆向传播而影响节流器的流动，也就是节流器的出口速度、出口压力和流量不再随背压而变化，如图4-1-5所示。这种现象称为节流器的壅塞或闭锁现象。此时，气流将在节流器外的集气管内急剧膨胀，达到超声速。压力由 $p_{cr}$ 急剧下降到 $p_B$，这时管道内将产生一种激波，流速从超声速突变成为亚声速。

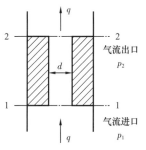

图 4-1-4　气体流经节流装置示意图

图 4-1-5　节流器流量随压力比的变化

由以上分析可知，气体通过节流器的流动可以分为以下两种状态：

（1）当 $\dfrac{p_{cr}}{p_1} \leqslant \dfrac{p_B}{p_1} < 1$ 时，为亚声速流动，称为亚临界状态，气嘴出口流速和流量随 $\dfrac{p_B}{p_1}$ 的增大而减小，出口压力 $p_2$ 始终等于背压 $p_B$，其压力云图如图 4-1-6 所示；

（2）当 $0 \leqslant \dfrac{p_B}{p_1} < \dfrac{p_{cr}}{p_1}$ 时，为声速流动，称为临界状态，气嘴出口流速达到声速，流量达到最大值，出口压力 $p_2$ 等于临界压力 $p_{cr}$，其压力、速度、密度、迹线云图如图 4-1-7 所示。

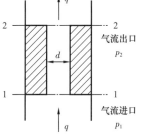

图 4-1-6　亚临界状态压力分布

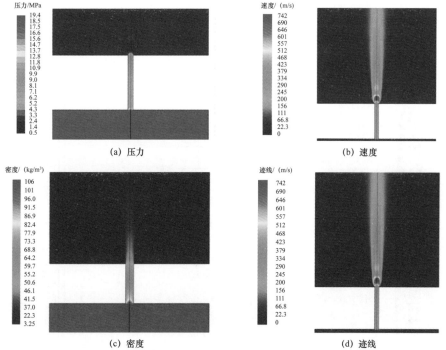

(a) 压力　　　　　　　　　　　　　　　(b) 速度

(c) 密度　　　　　　　　　　　　　　　(d) 迹线

图 4-1-7　临界状态下的压力、速度、密度及迹线云图

# 第二节　井下节流器系列化工具

井下节流器是井下节流技术的核心工具，该工具结构简单，投放、坐封和打捞通过试井钢丝完成操作，施工安全方便。长庆油田公司自主研发的井下节流器有卡瓦式和预置式两种，卡瓦式节流器通过钢丝作业可投放到油管任何设计位置；而预置式节流器的工作筒在新井下完井生产管柱时安装在设计位置，节流器芯子投放在工作筒内，变动节流器位置时需起出油管。

## 一、卡瓦式节流器

### 1. 主要结构

卡瓦式节流器主要由打捞头、卡瓦、本体、密封胶筒及节流气嘴等组成，由卡瓦定位，密封胶筒密封。结构如图4-2-1所示。

### 2. 投放及打捞作业

卡瓦式节流器投放打捞由钢丝作业车操作完成，工艺简便，如图4-2-2所示。

投放时，投放头与井下节流器通过钢销钉连接，下行时卡瓦松弛，密封胶筒处于自然收缩状态。至设计位置，上提卡瓦定位，向上震击剪断投放头与井下节流器连接销钉，内部弹簧撑开密封胶筒坐封。开井后节流气嘴上下形成压差，密封胶筒进一步撑开封牢。

打捞时下放工具串带专用打捞头，向下震击将打捞头与井下节流器对接，抓提卡瓦，震击时造成卡瓦松弛。同时打捞头挤压工具中心杆，弹簧收缩。密封胶筒回到自然收缩状态，上提打捞操作完毕。

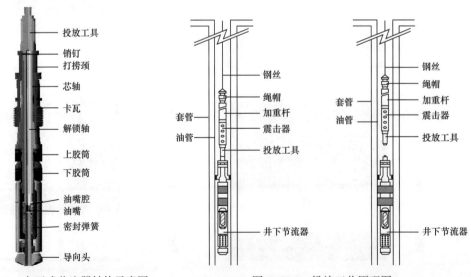

图4-2-1　卡瓦式节流器结构示意图　　　　图4-2-2　投放工艺原理图

### 3. 主要特点

由于卡瓦式节流器直接卡定在油管上，坐封位置灵活。但当油管较脏时，坐封难度较大；同时密封胶筒永久变形影响打捞。

### 4. 非常规卡瓦式节流器

#### 1）防砂井下节流器

（1）研发背景。

长庆气田是典型的低渗透、低压、低丰度岩性气藏，主要目的层属冲积平原背景下辫状河沉积体系，叠置砂体具有明显的方向性，气藏规模小，砂体展布范围有限，有效砂体连通性差，储层非均质性强，采用常规井开发难以提高单井产量，开发经济效益较差。为改善开发效果，实现少井多产、降本增效、节能环保、提高单井采收率，长庆气田转换开发方式，钻井从最初的直井发展到目前的以丛式井、水平井为主。水平井技术作为提高单井产量的有效手段，已在长庆气田进行规模应用。相应配套的储层改造、采气工艺技术需要发展更新，才能适应气田的开发。

相对于直井、定向井，水平井具有井口压力高、单井产量高、气井易出砂等特点，常规卡瓦式节流器在生产、投放、打捞等方面都存在不同程度的问题。

① 气井出砂影响井下节流器正常生产。如苏平 ×× 井投放常规卡瓦式节流器正常生产 22 天后，气井产量突降为 0。打捞节流器后，发现节流器冲蚀严重，局部破损、断裂，内部被泥沙堵塞。为了保障气井正常生产，随后采用三相分离器生产时，由于井口需要加热节流，以及人员的现场值守，日常管理费用高，安全风险大，且有悖于苏里格气田"绿色、环保、节能"的理念。

② 井下节流器打捞难度大。水平井压力、产量普遍较高，打捞时井下节流器存在解封困难、上提阻力大等问题，影响了气井中后期生产。

为解决常规卡瓦式节流器在水平井应用过程中出现的问题，开展了新型防砂井下节流器的研发，以保障苏里格气田水平井经济有效开发。

（2）结构设计。

该井下节流器主要参考常规卡瓦式本体防砂、不防砂节流器的结构，并结合现场应用过程中存在的问题，设计了尾部防砂节流器，如图 4-2-3 所示。该结构避免了高速气流携砂对本体防砂井下节流器外筒的损坏，优化了内部气流流道，如图 4-2-4 所示，使其满足出砂严重水平井的生产需求。

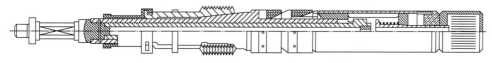

图 4-2-3　新型防砂井下节流器结构示意图

工作原理是：当井下节流器投送到预定位置时，上提投放器卡瓦预固定在油管上，向上震击剪断销钉，坐封弹簧推动下，中心管、导向头、外套向上移动撑开下胶筒，实现节

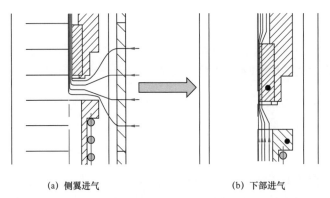

(a) 侧翼进气                    (b) 下部进气

图 4-2-4　防砂结构流动优化示意图

流器初密封，当气井开井后，在压力差作用下下胶筒上移撑开上胶筒达到工作状态，气流通过气嘴实现降压。

设计性能参数：

① 工具最大外径 58mm，实现 62mm 管径有效密封；

② 承压 35MPa，温度 120℃，卡瓦不上移，密封良好；

③ 具有防最小粒径 100 目的防砂功能。

（3）室内性能评价实验。

① 投放打捞及密封性能。

新型防砂节流器室内投放、密封、打捞性能评价工艺流程如图 4-2-5 所示。

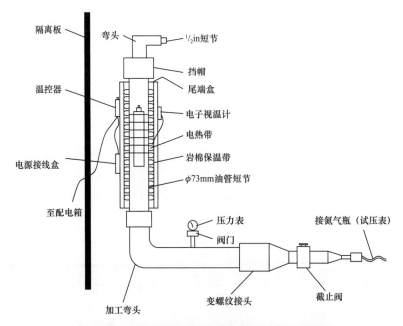

图 4-2-5　井下节流器室内性能评价实验工艺流程

装配好井下节流器，气嘴采用死嘴子。按正常下井要求调试合格，调试情况做好记录（调试前后的胶筒外径等）。

组装好井下节流器实验装置，上端挡帽改用试压堵头。打压 35MPa，稳压 5min，在各部位无渗漏的情况下，关闭截止阀，卸掉试压管线，观察实验装置密封性能，30min 内压力不降为合格。

将装有井下节流器的实验装置移至实验场地并竖立固定，在 1.5m 油管短节外装夹电加热圈，装好温控器等，包好岩棉，连接电源线。

将实验装置固定在工作台上，装入连接震击器的井下节流器，上提使卡瓦初步卡定，然后向上震击脱手，使井下节流器坐封，装上实验装置挡帽，装挡帽前油管外螺纹上缠密封带，以防井下节流器失效后水溢出浸湿电热带。测量井下节流器上端距挡帽上端距离，做好记录。

连接试压泵，依次打水压 10MPa、15MPa、25MPa、30MPa、35MPa，每个压力下稳压 30min，观察有无泄漏，测量井下节流器上端距挡帽上端距离，做好记录。

连接氮气瓶向实验装置充压，使实验压力达到 10～15MPa（由氮气瓶压力决定），关闭截止阀，观察 30min，如果压力不降，再连接试压泵，开始进行密封寿命实验。

电热带接通电源，调节好加热温度，开始进行不同压力及温度下的密封寿命实验。每组实验在不同的温度、压力下观察 2～3h。

② 防砂性能评价。

首先按一定比例调配好砂样，把它放在割缝筒与实验外筒之间，实验外筒的下端入口连接空气压缩机，上端出口与气砂分离室连接。实验一段时间后，在气砂分离室中收集砂粒进行称重，以此来评价新型防砂井下节流器的防砂效果，其工艺流程如图 4-2-6 所示。

③ 实验情况。

表 4-2-1 是井下节流器室内实验数据表。

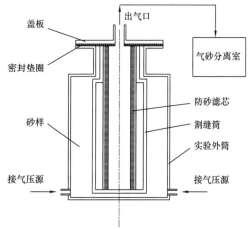

图 4-2-6 防砂评价装置示意图

表 4-2-1 井下节流器室内实验数据表

| 序号 | 压力/MPa | 温度/℃ | 稳压时间/min | 试压次数 | 试压介质 | 加热方式 | 备注 |
|---|---|---|---|---|---|---|---|
| 1 | 30 | 常温 | 30 | 3 | 水 | — | 反复加压稳压 3 次无渗漏，正常 |
| 2 | 35 | 常温 | 60 | 2 | 水 | — | 反复加压稳压 4 次无渗漏，正常 |
| 3 | 30 | 120 | 30 | 2 | 水 | 电 | 反复加压升温 2 次无渗漏，正常 |
| 4 | 35 | 100 | 30 | 4 | 水 | 电 | 反复加压稳压 4 次无渗漏，正常 |
| 5 | 35 | 120 | 60 | 3 | 水 | 电 | 反复加压升温 4 次无渗漏，正常 |
| 6 | 40 | 120 | 40 | 4 | 水 | 电 | 反复加压升温 4 次无渗漏，正常 |

新型防砂井下节流器室内多次实验表明，在不同的实验压力、温度下，卡瓦未发生滑动，密封良好，无渗漏、无压降，且井下节流器打捞后钢体无变形、密封胶筒无凸鼓外伤，锚定部件活动自如，无卡阻现象，性能达到了预期的设计要求，可以投入现场使用，成功研发的新型防砂井下节流器解决了常规卡瓦式节流器易冲蚀、堵塞等问题，实现了在大产量、易出砂气井井下节流技术的突破。

2）防下滑单胶筒井下节流装置

常规卡瓦式节流器具有密封良好、使用寿命长、失效率低、坐封简单等优点。但该节流器打捞过程中，特别是没有失效的井下节流器，其密封胶筒与井壁摩擦力大，造成打捞阻力大。因此，为解决常规卡瓦式节流器难打捞的问题，结合大管径生产管柱井下节流器承压高、投捞难度大的特点，研发了防下滑单胶筒井下节流装置。

（1）设计原则。

针对大管径生产管柱节流压差大、打捞张力大的特点，在常规卡瓦式节流器结构的基础上，结合气缸坐封原理进行设计，其设计理念是：

① 井下节流器的投放及打捞依靠钢丝作业实施。

② 井下节流器的卡定机构依靠卡瓦卡定。

③ 通过减少井下节流器胶筒与油管接触面积、降低打捞张力的思路，井下节流器密封机构采用单胶筒可回缩机构，既保证了井下节流器有效密封，又降低了打捞难度。密封机构采用二次密封，初次密封利用气缸坐封原理，即气缸内密封一定体积的常压空气，在井下节流器投放至井筒内高压环境后，气缸开始压缩，胶筒开始膨胀，完成初密封，气井开井后，依靠井下节流器前后压差完成二次密封。

④ 增加防砂机构。

⑤ 增加特殊设计卡爪的防下滑机构，防止了井下节流器滑落井底，提高了井下节流器的适应性。

（2）性能要求。

① 根据成大先等编写的《机械设计手册》，油管内工具一般最大外径小于油管规外径1~2mm，由于 $3\frac{1}{2}$in 油管规外径为73mm，则 $3\frac{1}{2}$in 防下滑单胶筒井下节流装置最大外径为71mm。

② 井下节流器要求承压35MPa、温度120℃，工具不上移，密封良好。

③ 具有防砂功能，减少气井出砂对井下节流器的影响。

④ 具有防下滑功能，防止井下节流器掉入井底，造成打捞困难。

⑤ 既要有密封性能好、承高压、耐高温的优点，同时又要有易于打捞的特点。

⑥ 具有泄液功能，在井下节流器上方有积液导致打捞困难时，能打掉气嘴机构形成泄液通道，保证井下节流器上方积液回落，提高工具打捞成功率。

（3）结构设计。

防下滑单胶筒井下节流装置主要由投放机构、卡定打捞机构、密封节流机构和防砂防下滑机构组成，如图4-2-7所示[18]。其工作原理为：采用钢丝作业投放，钢丝通过工具串与投放器连接，井下节流器下入设计深度后，上提工具串使卡瓦与油管卡定，继续上提震击剪断投放销钉，投放器相对本体向上移动带动投放工具锁定套的凸爪从主锁套槽内脱开，随工具串起出井筒，完成节流器投放。井筒气压推动气缸套内的坐封柱塞带动气缸套上移使胶筒膨胀与油管密封，通过坐封柱塞与中支撑套之间的马牙扣防止坐封柱塞回位，从而使胶筒密封失效。同时带动防下滑卡爪，从卡爪收缩挡头中脱离弹开与油管接触，防止下滑。打捞时通过工具串连接专用打捞工具入井，抓住打捞头向上震击使卡瓦与油管脱离，向上的震击力使本体带动卡瓦支撑套和胶筒支撑套一起上行，剪断卡瓦支撑套与本体之间的打捞销钉后，卡瓦支撑套与中支撑套产生相对位移使胶筒回缩，避免了上提时胶筒与油管之间摩擦力，打捞更容易。另外，若井下节流器下移，弹开的防下滑卡爪遇到油管接箍，其翼上的锥度阻止向下脱离接箍；但上行时翼上的锥度可以顺利脱离接箍。

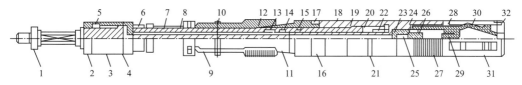

图 4-2-7　防下滑单胶筒井下节流装置结构示意图

1—投放器；2—压盖；3—投放销钉；4—投放工具锁定套；5—打捞挡环；6—锁钉；7—本体；8—打捞头；9—卡瓦座套；10—锁紧螺钉；11—卡瓦；12—打捞销钉；13—卡瓦支撑套；14—定位挡环；15—连接筒；16—主锁套；17—胶筒支撑套；18—中支撑套；19—密封胶筒；20—气缸套；21—锁环；22—坐封柱塞；23—防砂筒锁钉；24—气嘴座；25—气嘴；26—气嘴压帽；27—防砂罩；28—连接套；29—卡爪连接螺丝；30—防下滑卡爪；31—外支撑套；32—卡爪收缩挡头

① 投放机构主要由投放器、压盖、投放工具锁定套、投放销钉和锁钉组成。该机构主要作用是：与工具串连接完成节流器的投放，到达设计位置后容易丢手；连接节流器本体并固定坐封气缸的位置。因此，投放机构关键部件为投放销钉，具体尺寸根据实验确定。

② 卡定打捞机构主要包括打捞挡环、本体、打捞头、卡瓦、卡瓦座套、卡瓦支撑套、打捞销钉和定位挡环。该机构主要作用是：节流器投放预定位置后卡瓦与油管卡定；打捞时，可以解封并完成打捞工具的连接。因此，卡定打捞机构关键部件为卡瓦角度、支撑套角度的设计及打捞销钉的确定。

③ 密封节流机构主要由主锁套、下挡环、胶筒支撑套、锁钉、密封胶筒、中支撑套、坐封柱塞、气缸套、气嘴座、气嘴锁钉、气嘴和气嘴压帽组成。该机构主要作用是：井下节流器投放至预定位置后胶筒挤压膨胀完成与油管的密封，气嘴完成节流。因此，密封节流机构的关键部件为密封胶筒的耐温耐压等物性、气缸坐封机构的追进及追进后锁定设计、气嘴承受气流冲蚀能力设计。

对常规卡瓦式节流器和防下滑单胶筒井下节流装置打捞时胶筒受力进行分析，如图 4-2-8 所示。原井下节流器打捞时弹簧仍压缩胶筒，且当锥体上拖胶筒时，产生一个水平向外撑力，使胶筒紧贴油管内壁；当上提力越大时，与油管摩擦力越大，打捞就越困难，若胶筒老化时打捞更困难。防下滑单胶筒井下节流装置采用单胶筒密封，打捞时胶筒处位置让开，胶筒完全回缩；两端平面，上提时水平面托着胶筒上移，没有向外撑油管的力，与油管壁产生的摩擦力小，故容易打捞。

④ 防砂防下滑机构包括防砂罩、连接套、卡爪连接螺栓、防下滑卡爪、外支撑套和卡爪收缩挡头，其结构基于新型防砂井下节流器的防砂机构。该机构主要作用是：防止气

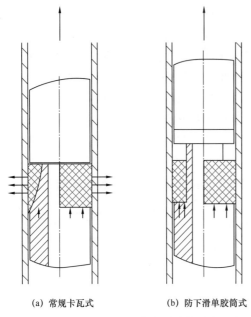

(a) 常规卡瓦式　　　(b) 防下滑单胶筒式

图 4-2-8　两种井下节流器打捞时胶筒受力示意图

井内的压裂砂或者产层出砂；防止井下节流器在井筒内下滑。因此，防砂罩的缝宽及数量、防下滑机构卡爪的角度是设计关键。

⑤ 打掉气嘴机构设计，气嘴机构脱离防下滑单胶筒井下节流装置本体，形成泄液通道，保证工具上方积液回落井底，提高了积液气井井下节流器打捞成功率。

（4）材质优选。

卡瓦式节流器采用胶筒密封，其材料和结构对井下节流器的坐封、密封和打捞起重要影响作用。目前，常规卡瓦式节流器胶筒所采用的橡胶胶料无法满足防下滑单胶筒井下节流装置密封承压要求，需对胶筒胶料进行优化完善。为了更进一步提高其压缩永久变形、耐高温耐高压及耐磨性能，进行了不同于氢化丁腈橡胶的胶料研究。

通过大量资料调研，选择了性能比较好的 5 种橡胶，对这 5 种橡胶进行了在不同环境下的性能对比，见表 4-2-2。

表 4-2-2　5 种橡胶性能对比

| 对比环境 | 橡胶一 | 橡胶二 | 橡胶三 | 橡胶四 | 橡胶五 |
|---|---|---|---|---|---|
| 芳香烃醇 | 好 | 好 | 好 | 差 | 好 |
| 油 | 好 | 好 | 好 | 好 | 好 |
| 甲醇 | 差 | 差 | 好 | 好 | 好 |
| 硫化氢 | 差 | 差 | 好 | 好 | 好 |
| 蒸汽 | 差 | 好 | 好 | 好 | 好 |
| 胺类 | 差 | 差 | 好 | 好 | 好 |
| 低温（最高温度＜0℃） | 好 | 好 | 好 | 差 | 差 |

注："差"表示性能改变强烈，在体积膨胀和扯断伸长率方面表现差，定为不太有利的候选对象；"好"表示橡胶在体积膨胀和扯断伸长率方面表现良好，定为比较有利的候选对象。橡胶三在各个性能方面都表现良好，应用性能较广。

从表 4-2-2 的性能对比中可以看出，橡胶三在各种介质环境中体积膨胀和扯断伸长率都比较好，因而以橡胶三为基料进行了胶筒胶料的加工，并对新型橡胶胶料与氢化丁腈橡胶胶料进行了室内性能对比，其结果见表 4-2-3。

从表 4-2-3 可以看出，新型橡胶在 50% 气井水样和 50% 甲醇环境中各项性能都要比氢化丁腈橡胶的性能好，并且新型胶料的胶筒在室内实验其耐压达 40MPa，耐温达 200℃以上。

表 4-2-3　氢化丁腈橡胶与新型橡胶性能对比

| 实验项目 | | 实验结果 | | 实验方法 |
|---|---|---|---|---|
| | | 氢化丁腈橡胶 | 新型橡胶 | |
| 硬度 /IRHD | | 78 | 78 | GB/T 6031—2017 |
| 压缩永久变形（150℃，72h）/% | | 19.5 | 9.8 | GB/T 7759—2015 |
| 热空气老化<br>（150℃，72h） | 硬度变化 /IRHD | −2 | 1 | GB/T 3512—2014 |
| | 体积变化率 /% | 4.7 | 3.4 | GB/T 6031—2017 |
| 气井水样<br>（100℃，72h） | 硬度变化 /IRHD | 1 | −1 | GB/T 1690—2010<br>GB/T 7759—2015 |
| | 体积变化率 /% | 3.7 | 2.1 | |
| | 压缩永久变形 /% | 9.1 | 7.5 | |
| 50%气井水样<br>+50% 甲醇<br>（100℃，72h） | 硬度变化 /IRHD | −2 | −1 | GB/T 1690—2010<br>GB/T 7759—2015 |
| | 体积变化率 /% | 3.6 | 2.7 | |
| | 压缩永久变形 /% | 10.4 | 7.3 | |

在对新型胶料研究的同时，对胶筒胶料的加工工艺进行了改进完善。通过添加橡胶耐磨剂并经多次耐高温、耐高压实验，优选了一种特殊的添加剂及合理的添加比例，使得胶筒胶料的物理与机械等综合性能得到明显改善，其性能参数见表 4-2-4。

表 4-2-4　密封胶筒性能参数

| 序号 | 实验项目 | | 实验结果 | |
|---|---|---|---|---|
| | | | 改进前 | 改进后 |
| 1 | 拉伸强度 /MPa | | 22 | 20 |
| 2 | 扯断伸长率 /% | | 410 | 345 |
| 3 | 压缩永久变形（B 型试样）（100℃，72h，压缩率 25%）/% | | 59 | 19 |
| 4 | 热空气老化<br>（100℃，72h） | 硬度变化 /IRHD | 2 | 0 |
| | | 体积变化率 /% | 13 | 9 |
| 5 | 气井水样<br>（100℃，72h） | 硬度变化 /IRHD | 1 | −1 |
| | | 体积变化率 /% | 13.5 | 9.3 |
| 6 | 50%气井水样 +50%甲醇<br>压缩永久变形（100℃，72h，压缩率 25%）/% | | 57 | 17 |
| 7 | 磨耗指数 /% | | 87 | 109 |

为了检测胶筒胶料的耐磨性，采用国家标准 GB/T 9867—2008《硫化橡胶或热塑性橡胶耐磨性能的测定》，对改进的胶筒胶料进行测定。根据测定结果，改进后的胶筒胶料磨耗指数为 109%（磨耗指数：在规定的相同试验条件下，参照胶的体积磨耗量与试验胶

的体积磨耗量之比，通常以百分数表示，其数字越小，表示耐磨性越差），而改进前只有87%，因此改进后的胶筒胶料耐磨性能大幅度提高。

同时为了更进一步提高胶筒的性能，改进了胶筒的模压制作方式，由以前的裹胶方式改为注胶方式，使胶筒内部组织更致密，黏合力更强，无分层及气泡现象，其性能比以前用裹胶方式制作的胶筒有了较大的提高。

根据耐高温、耐高压的要求，调整了制作过程中的温度、保温时间、成型压力等参数，使胶筒具有更高的耐温、耐压特性。实验表明，最高耐温200℃以上，最大工作压差40MPa。

（5）装置的安装、打捞。

新型单胶筒防下滑井下节流装置通过钢丝作业投放安装，装置下入设计深度后，上提工具串使卡瓦与油管卡定，继续上提剪断投放销钉后，投放工具锁定套的凸爪从主锁套槽内脱开，随工具串起出井筒，完成节流器投放。井筒气压推动气缸套内的坐封柱塞带动气缸套上移，使胶筒膨胀与油管密封，如图4-2-9所示，同时带动防下滑卡爪从卡爪收缩挡头中脱离弹开与油管接触。

打捞时通过钢丝作业，连接专用打捞工具抓住打捞头，向上震击使卡瓦与油管脱离，同时使本体带动卡瓦支撑套、胶筒支撑套上行，打捞销钉被剪断，卡瓦支撑套与中支撑套产生相对位移使胶筒回缩，如图4-2-10所示。

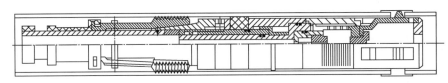

图4-2-9　单胶筒防下滑井下节流装置安装坐封状态示意图

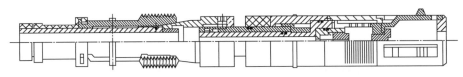

图4-2-10　单胶筒防下滑井下节流装置打捞状态示意图

（6）装置特点。

① 投放简单，密封容易。采用常规试井钢丝投放，气缸内由常压变高压上移容易，胶筒受挤压密封容易。

② 易打捞。采用胶筒回缩设计，打捞时胶筒回缩，大大减小了油管与井下节流装置的摩擦力。

③ 防下滑。利用油管接箍间隙，采用三爪式防下滑机构设计，能有效防止井下节流器失效后滑落井底。

④ 气嘴可打掉。坐封柱塞与气嘴座采用销钉锁定，遇到井筒积液时可采用专用工具打掉气嘴。

（7）性能参数。

目前研发的单胶筒新型井下节流装置有φ71mm和φ57mm两种规格，分别适用于

$\phi$88.9mm（$3\frac{1}{2}$in）、$\phi$73.0mm（$2\frac{7}{8}$in）油管。其主要性能参数见表4-2-5，主要包括尺寸及质量。

表4-2-5　单胶筒新型井下节流装置参数

| 规格 | $\phi$71mm | $\phi$57mm |
|---|---|---|
| 密封类型 | 自封式 | 自封式 |
| 支撑方式 | 锚瓦 | 锚瓦 |
| 坐封方式 | 提放钢丝 | 提放钢丝 |
| 工作压差 /MPa | ≤35 | ≤35 |
| 工作温度 /℃ | ≤120 | ≤120 |
| 最大内径 /mm | 71 | 57 |
| 密封管径 /mm | 76 | 62 |
| 总长度 /mm | 970 | 960 |
| 质量 /kg | 14 | 18 |

（8）性能评价。

防下滑单胶筒井下节流装置（图4-2-11）室内投放、密封、打捞性能评价方法与防砂井下节流器一样，在此就不再重复说明了。

图4-2-11　防下滑单胶筒井下节流装置实物照片

室内多次反复实验表明，防下滑单胶筒井下节流装置结构设计合理、尺寸合适、性能稳定，在40MPa、120℃条件下，坐封可靠，密封良好，可以有效防止下滑，且打捞时胶筒回缩，与油管分离，打捞容易。与常规卡瓦式节流器性能参数进行对比，各参数指标都有利于防下滑单胶筒井下节流装置的打捞。防下滑单胶筒井下节流装置的成功研发，解决了常规卡瓦式节流器承压高、投捞难等问题，实现了大管径气井井下节流技术的生产，实物照片如图4-2-11所示，与常规节流器胶筒性能参数对比见表4-2-6。

表4-2-6　常规节流器与防下滑单胶筒井下节流装置胶筒性能参数对比

| 项目 | 常规卡瓦式节流器 | 防下滑单胶筒井下节流装置 |
|---|---|---|
| 初坐封力 /kg | 270 | 240 |
| 最高承压 /MPa | 35 | 40 |
| 常规打捞钢丝拉力 /kg | 300～350 | 250～270 |
| 正常打捞时间 /min | 120 | 30 |

## 二、预置式节流器

### 1. 结构及工作原理

预置式节流器由工作筒和节流芯子两大部分组成，结构如图 4-2-12 所示。

新井下完井生产管柱时，在设计位置安装工作筒。投产后，利用专用投放工具通过钢丝作业将节流芯子投入工作筒，依靠节流芯子上的锁块卡入工作筒槽内实现定位，上提钢丝，投放工具与节流芯子脱离，完成节流芯子投放。节流芯子上的密封组件与工作筒密封面形成良好的密封，气流从节流芯子中部通过气嘴节流后流出。预置式节流器安装如图 4-2-13 所示。需要更换气嘴时，利用钢丝作业下入配套打捞工具，抓住锁块轴上提，即可捞出芯子。但变动节流芯子位置时需起出油管。

图 4-2-12　预置式节流器示意图

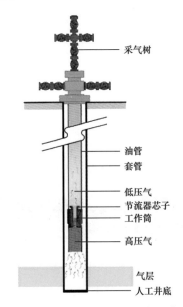

采气树

油管
套管

低压气
节流器芯子
工作筒
高压气

气层
人工井底

图 4-2-13　预置式节流器安装示意图

### 2. 性能特点

预置式节流器依靠锁块定位、V 形胶圈密封，密封间隙只有 0.1mm，因此具有更好的密封性能及更大的下入深度。卡瓦式节流器相比，其主要特点如下：因节流芯子尺寸小于油管内径，施工时不会卡阻，投放打捞容易；密封可靠性高；完井作业影响节流芯子投放、坐封及密封。

### 3. 自封预置式节流器

自封预置式节流器工具结构原理与常规预置式节流器基本相同。先将工作筒预置于油管设计位置，压裂施工完成后，采用专用投放工具将节流芯子坐封于工作筒卡槽内。

1）工作筒

参考管柱封隔器设计原则，工作筒结构如图 4-2-14 所示。井下工具材质一般采用

35CrMo，可以满足长庆苏里格气田现场生产需求，因此该工作筒材料采用35CrMo，扣型与生产管柱扣型一致，抗拉强度、抗内压强度能够满足压裂施工工艺要求。

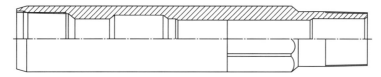

图 4-2-14　自封预置式节流器工作筒结构示意图

## 2）节流芯子

为了克服常规预置式节流器节流芯子难坐封、投放工具锁块无法正常脱手的情况，重新设计了自封预置式节流器，如图4-2-15所示。节流芯子采用弹簧将密封圈完全收缩、增加卡瓦扶正及回缩弹簧、增加可打掉气嘴机构、取消锁块直接利用销钉投放，气嘴打掉后形成泄液通道，保证井下节流器上方积液回落，有利于积液气井井下节流器的打捞。

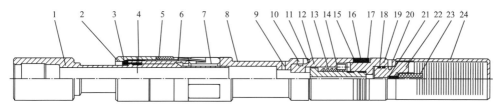

图 4-2-15　自封预置式节流器节流芯子结构示意图

1—锁块轴；2—锁帽；3—挡环；4—定位环；5—防护套；6—簧片；7—锁块；8—锁块体；9—黄铜剪销；10—安全剪钉；11—弹簧座；12—活动套；13—弹簧；14—堵板；15—密封座环；16—V形密封圈；17—压环；18—O形密封圈；19—密封段；20—胶筒剪钉；21—紫铜垫；22—气嘴；23—压帽；24—防砂罩

（1）卡定机构：采用锁块卡入工作筒槽内实现节流芯子卡定。其主体材质与工作筒材质相同，采用35CrMo。锁块的主要作用是卡定节流芯子，生产过程需要承受30MPa的压差，要求锁块具有较大的咬合力。目前通用井下工具的锁块采用20Cr，能满足现场要求，因此锁块材料采用20Cr，表面淬火。设计时为避免工作筒卡槽内砂堵影响卡定，设计锁块长度比预置工作筒卡槽短20mm；同时为避免节流芯子投放过程中锁块张开提前卡定，设计锁块加弹簧片机构，使锁块下井过程始终收缩，有利于节流芯子顺利投放。

（2）密封机构：为便于芯子投放，密封机构采用V形密封胶圈加弹簧设计，投放时密封胶圈直径小于工作筒密封面内径，丢手后，弹簧压缩密封胶圈使其与工作筒密封。

（3）气嘴可打掉机构：基于常规卡瓦式节流器上方积液导致打捞难度大的情况，在设计该节流器时增加了自泄液功能，通过专用打气嘴工具打掉气嘴座和防砂罩后形成大的泄液通道，保证井下节流器上方积液回落，提高了积液气井节流器打捞成功率；同时也保障了在井下节流器打捞失败情况下，气井正常生产及后期的修井作业（表4-2-7）。

## 3）投放工具结构设计

针对常规预置式节流器投放工具锁块无法正常脱手的情况，采用取消锁块直接利用销钉投放的思路，重新设计了自封预置式节流器投放工具，其结构如图4-2-16所示。

表 4-2-7　不同规格自封预置式节流器形成中心通道尺寸

| 油管规格 / in | 油管内径 / mm | 工具外径 / mm | 中心通道 / mm |
|---|---|---|---|
| $2\frac{3}{8}$ | 50.7 | 46 | 18 |
| $2\frac{7}{8}$ | 62.0 | 57 | 24 |
| $3\frac{1}{2}$ | 76.0 | 69 | 36 |

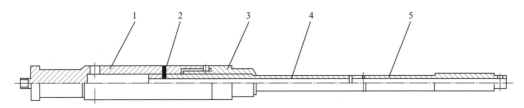

图 4-2-16　自封预置式节流器投放工具结构示意图

1—外筒；2—坐卡销钉；3—上击挡块；4—上投放连杆；5—下投放连杆

在节流芯子锁块完全进入工作筒卡槽后，向上震击，此时投放工具外筒与上击挡块一起向上移动，上击挡块震击上投放连杆并作用于下投放连杆与主体连接销钉上，由于主体与工作筒通过锁块已卡定，因此可以将销钉震断。震断后弹簧伸展，V 形密封胶圈受压与油管实现密封。此时可以起出投放工具，完成节流芯子的投放作业。

4）性能评价

自封预置式节流器实物照片如图 4-2-17 所示。室内实验时，工作筒上接油管，下接坐落短节及注液接头，如图 4-2-18 所示。节流器芯子投放、坐封于工作筒后，分别开展不同温度、不同压力下密封性能实验，实验结果见表 4-2-8。

图 4-2-17　自封预置式节流器实物图

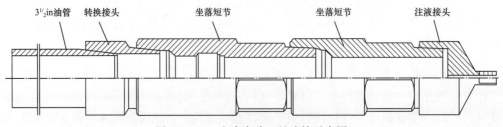

图 4-2-18　室内实验工具连接示意图

表 4-2-8 自封预置式节流器室内实验情况

| 压力 /MPa | 温度 /℃ | 保压时间 /h | 销钉剪断力 /kN | 实验结果 |
|---|---|---|---|---|
| 40 | 常温 | 1.0 | 17 | |
| 20 | 80 | 1.5 | 27 | |
| 30 | 90 | 1.0 | 27 | 不渗不漏，压力 |
| 35 | 90 | 2.0 | 27 | 不降 |
| 35 | 120 | 1.5 | 26 | |
| 40 | 120 | 1.0 | 26 | |

室内性能实验表明，自封预置式节流器结构设计合理，承压 40MPa，耐温 120℃。高温条件下，反复多次模拟不同压力下节流芯子投放、密封、打捞等过程，节流芯子坐封可靠，反复开关井密封有效，投放、打捞一次性成功率 100%。

## 三、接箍坐落式井下节流装置

针对卡瓦式节流器打捞时解卡工艺复杂、部分卡瓦咬死油管难解卡、打捞张力大等问题。为了提高井下节流器打捞成功率，保障气井中后期排水采气工艺的顺利实施，集成预置式节流器易打捞、柱塞坐落器卡于油管接箍间隙槽、卡瓦式节流器坐封位置灵活的优点，开展了接箍坐落式井下节流装置研发。该装置依靠卡爪卡于油管接箍槽间隙定位，具有打捞时打捞工具与其对接卡爪收缩解卡、不下滑、胶筒可回缩解封、钢丝作业一趟完成打捞的优势，可以解决井下节流器难打捞问题[19]。

### 1. 装置设计

1）设计原则

（1）节流器的投放及打捞依然依靠钢丝作业实施。

（2）节流器的锚定依靠卡爪锚定。

（3）通过减少节流器胶筒与油管接触面积、降低打捞张力的思路，节流器密封采用单胶筒可回缩机构，既保证了节流器有效密封，又降低了打捞难度。密封采用二次密封，初次密封采用气缸坐封原理，即气缸内密封一定体积的常压空气，在节流器投放至井筒内高压环境后，气缸开始压缩，胶筒开始膨胀，完成初密封；随后开井后，依靠节流器前后压差完成二次密封。

（4）采用防砂机构。

2）性能要求

（1）油管内工具一般最大外径小于油管通径规外径 1~2mm，$2\frac{7}{8}$in 油管通径规为 59mm，则最大外径为 57mm。

（2）新型节流器要求承压 35MPa、耐温 120℃，工具不上移，密封良好。

（3）具有防砂功能，减少气井出砂对节流器的影响。

（4）既要有密封性能好、耐高压差的优点，同时又要有易于打捞的特点。

3）结构

接箍坐落式井下节流装置由锚定机构、密封机构和解封机构组成，具体结构如图 4-2-19 所示。

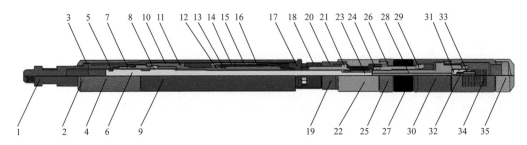

图 4-2-19　接箍坐落式井下节流装置

1—投放头；2—连接管；3—固定管；4—坐封销钉；5—卡环；6—芯杆；7—滑行筒；8—卡块；9—丢手管；10—打捞颈；
11—丢手剪钉；12—半圆环；13—定位环；14—锁帽；15—压套；16—坐落爪套；17—卡爪；18—锁钉；19—解封套；
20—解封销钉；21—解封轴；22—连接套；23—上中心管；24—解封爪；25—挡环；26—活塞套；27—密封筒；
28—下中心管；29—锁环；30—缸筒；31—气嘴座；32—配产嘴；33—压帽；34—防砂筒；35—导向头

## 2. 工作原理

接箍坐落式井下节流装置工作过程如下：

（1）接箍坐落式井下节流装置连接试井钢丝工具串，以小于 50m/min 的速度下入井筒设计深度以上 100m 位置时，加快速度下放至设计深度后刹车，装置的丢手剪钉剪断，坐落爪从丢手管中释放，继续缓慢下放工具串，卡爪进入油管接箍间隙，向下震击剪断坐封销钉，打捞颈向下移动撑开卡爪完成卡定，上提钢丝，气缸受井筒内高压挤压密封筒变形完成密封，起出投送工具串，中心气流通道畅通，完成装置投放，如图 4-2-20 所示。

图 4-2-20　接箍坐落式井下节流装置坐封状态示意图

（2）打捞时通过钢丝连接内捞工具，抓住打捞颈后震击，打捞颈向上移动后卡爪失去支撑，装置解卡；继续上击剪断解封销钉，上提打捞颈依次联动坐落爪套、解封轴、解封套、连接套、挡环上移，密封筒上端不受力而恢复弹性形变，密封失效后上提钢丝，容易捞出，如图 4-2-21 所示。

图 4-2-21　接箍坐落式井下节流装置解卡状态示意图

### 3. 技术特点

（1）锚定机构设计。针对现用卡瓦结构打捞出现的难解卡、卡瓦卡死等问题，设计了无齿小卡爪锚定机构，充分利用油管接箍槽间隙定位，将解卡方式由下击转化为上击，避免解卡时工具滑落井底，降低了解卡难度，实现钢丝一趟作业完成打捞。

（2）密封结构优化设计。针对前期节流器伞形胶筒密封面积过大，锥体支撑扩充胶筒导致打捞张力增大的情况，采用单个矩形胶筒设计，充分利用气井高压压缩矩形胶筒实现密封，同时考虑密封过盈，缸体内采用限位设计，降低了打捞阻力。

（3）解封机构设计。针对节流器因密封胶筒无法回缩导致打捞困难的问题，设计了解封胶筒回缩机构，打捞时上击剪短解封销钉，解封轴、解封套、连接筒、挡环等部件随坐落爪套一起上移，密封筒轴向受力解除而回缩，降低了打捞张力，提高了打捞可靠性。

### 4. 卡爪锚定机构有限元分析

卡爪结构对节流装置坐封、解卡起着至关重要的作用，为此利用有限元分析方法，进行结构优化。

#### 1）受力分析及边界条件确定

进行有限元的接触应力分析，须确定机构整体所受载荷 $F_t$ 的大小，$F_t$ 由节流器 25MPa 节流压差作用卡定机构系统截面所产生，具体计算如下：

$$F_t = \pi R_n^2 \Delta p \qquad (4-2-1)$$

式中 $F_t$——卡定系统整体受到的轴向载荷，N；

$R_n$——油管半径，m；

$\Delta p$——节流压差，MPa。

压力载荷：芯轴锥体底面所受压力（施加于芯轴下表面）为 25MPa，在计算过程中将压力转换为载荷，根据式（4-2-1）确定的轴向载荷为 660kN。

温度条件：根据工况条件及结构设计，卡定系统温度条件确定为 150℃。

摩擦系数：在给定温度条件下，金属接触面摩擦系数取 0.15，而且随温度变化不大。

材料属性：金属材质的弹性模量和强度属性随温度变化很小，参见表 4-2-9。

表 4-2-9 有限元模型材料属性参数

| 结构组成 | 材料型号 | 弹性模量 / GPa | 泊松比 | 屈服极限 / MPa | 破坏强度 / MPa |
|---|---|---|---|---|---|
| 油管接箍 | 20Cr | 194 | 0.29 | 785 | 980 |
| 卡爪 | 35CrMo | 194 | 0.29 | 600 | 689 |
| 芯轴 | 35CrMo | 194 | 0.29 | 800 | 862 |

#### 2）模型构建、网格划分及约束条件

卡爪锚定机构网格划分如图 4-2-22 所示，约束及边界条件如图 4-2-23 所示。

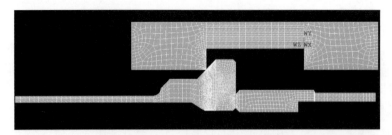

图 4-2-22　卡爪锚定机构网格划分图

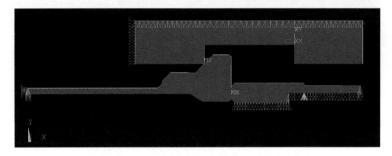

图 4-2-23　卡爪锚定机构约束及边界条件图

### 3）设计结构及工艺参数下的应力分析

根据设计结构参数进行有限元建模和应力分析，其结果如图 4-2-24 所示，卡爪与接箍的最大接触应力为 1610MPa，超过系统最大应力的 807MPa，达到材料的破坏强度极限。

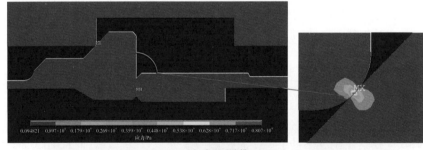

(a) 有限元建模

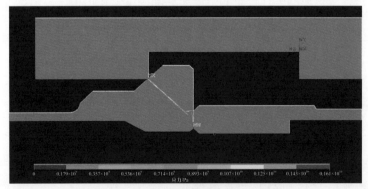

(b) 应力分析

图 4-2-24　卡爪与接箍模型应力分析

4）工艺参数优化

（1）卡爪厚度。

设计卡爪厚度 2.5mm，改变厚度进行有限元建模和应力分析，计算结果见表 4-2-10。结果表明：随着卡爪厚度的增加，卡爪最大等效应力、卡爪与接箍最大接触应力逐渐减小；当卡爪厚度为 4.5mm 时，卡爪与接箍最大接触应力最小。

表 4-2-10　不同卡爪厚度下的有限元分析结果

| 卡爪厚度 /mm | 卡爪最大等效应力 /MPa | 卡爪与接箍最大接触应力 /MPa |
|---|---|---|
| 2.5 | 807 | 1610 |
| 3.0 | 776 | 1550 |
| 3.5 | 729 | 1510 |
| 4.0 | 691 | 1460 |
| 4.5 | 650 | 1420 |

（2）卡爪长度。

设计卡爪长度 100mm，改变长度进行有限元应力分析，计算结果见表 4-2-11。结果表明：随着卡爪臂长增加，卡爪最大等效应力、卡爪与接箍最大接触应力变化不规律；当卡爪臂长为 115mm 时，卡爪与接箍最大接触应力最小。

表 4-2-11　不同卡爪臂长下的有限元分析结果

| 卡爪臂长 /mm | 卡爪最大等效应力 /MPa | 卡爪与接箍最大接触应力 /MPa |
|---|---|---|
| 85 | 692 | 1530 |
| 90 | 844 | 1700 |
| 95 | 860 | 1370 |
| 100 | 807 | 1610 |
| 105 | 706 | 1130 |
| 110 | 799 | 1310 |
| 115 | 864 | 1040 |

（3）卡爪角度。

设计卡爪角度 45°，改变角度进行有限元应力分析，计算结果见表 4-2-12。结果表明：随着卡爪角度增加，卡爪最大等效应力、卡爪与接箍最大接触应力变化不规律；当卡爪角度为 30° 时，卡爪与接箍最大接触应力最小。

根据有限元分析结果，确定了在卡爪锚定机构与油管接箍最大接触应力最小时的卡爪工艺参数最优值（厚度 4.5mm，长度 115mm，角度 30°）。

表 4-2-12　不同卡爪角度下的有限元分析结果

| 卡爪角度 /（°） | 卡爪最大等效应力 /MPa | 卡爪与接箍最大接触应力 /MPa |
| --- | --- | --- |
| 30 | 883 | 970 |
| 35 | 745 | 1470 |
| 40 | 880 | 1240 |
| 45 | 807 | 1610 |
| 60 | 881 | 1200 |

### 5. 现场应用

接箍坐落式井下节流装置在长庆气田应用 38 口井，坐封容易，密封正常；生产一段时间后打捞 10 口井，打捞成功率 100%，且打捞最大拉力小于 400kg，用时 40min 左右，打捞优势明显，解决了常用节流器难打捞的问题，保障了气井中后期排水采气工艺的顺利实施。

以苏 A 井为例说明该装置现场应用情况。首先，根据该气井配产 $1.5 \times 10^4 m^3/d$ 选择 1.8mm 气嘴组装装置。随后连接工具串，以 50m/min 速度下深至 1400m 后，提速至 160m/min，下深至 1495m 后刹车，丢手销钉剪断，缓慢下放至 1505m 张力减小，装置坐封于 1505m，剪断坐封销钉，投放成功。立即开井，油压由 25MPa 降低至 1.76MPa，产气量为 $1.56 \times 10^4 m^3/d$，开井生产正常。该井生产 457 天后，由于产量降低，井筒积液，需打捞井下节流装置后实施排水采气工艺。采用专用打捞工具抓住装置后，向上震击 9 次解卡成功，钢丝拉力一直在 180～320kgf❶ 之间波动，用时 38min，打捞成功。

现场应用表明，接箍坐落式井下节流装置打捞工艺简单，打捞成功率高，大大降低了人力物力消耗，降低了安全风险，有利于生产管理。

## 四、大油管气井井下流量控制装置

近年来，随着勘探开发技术的不断发展，非常规油气资源的开发越来越受到重视。采用 $\phi$114.3mm 压裂采气一体化管柱进行水力压裂是对非常规储层进行改造的重要手段之一。长庆气田 $\phi$73.0mm、$\phi$88.9mm 油管气井采用井下节流器控制气井流量及预防水合物的生成。由于管径大、承压大，上述两种规格井下节流器均无法满足 $\phi$114.3mm 油管投放及打捞工艺要求，也无法实现调产要求。因此，苏里格气田 $\phi$114.3mm 油管气井采用井口加热炉加热预防水合物生成、调节针阀控制流量的生产方式。但这种生产方式存在费用高、生产管理难度大、安全风险高的缺点。鉴于此，开展了 $\phi$114.3mm 油管气井井下流量控制装置研发。该流量控制装置利用井筒内高压压缩工具密封腔内常压气缸推动密封件实现密封，达到大直径井下工具钢丝投放的目的；在不打捞大直径装置整体的条件下，可通过小直径芯子的投捞实现气井的快速调产[20]。

---

❶ 1kgf=9.80665N。

### 1. 设计思路

相对于常规直井、定向井，$4\frac{1}{2}$in 油管气井具有井口压力高、单井产量高等特点，且大部分气井作为保供调峰井，需要经常调节产量。$4\frac{1}{2}$in 管柱内节流装置密封面积大，其坐封后承受的压差较大，是 $2\frac{7}{8}$in 油管的 2.6 倍，加之气井初期产量高易出砂，以及特殊情况下油管变形，所以打捞时难免发生打捞失败的情况，导致气井将无法实现调产。因此，基于常规卡瓦式节流器坐封灵活和预置式节流器易打捞的优点，大油管气井井下流量控制装置采用了卡瓦或外套坐封 + 调产芯子节流的分体式结构（图 4-2-25），由于调产芯子的卡定机构用卡簧结构，坐封时卡入卡瓦式坐封外套预留的卡槽内，不会发生如卡瓦咬入油管的现象，所以调产芯子打捞容易。卡瓦式坐封外套实现密封油管的作用，调产芯子实现初次配产与调产的作用。

### 2. 结构设计

$\phi$114.3mm 油管气井井下流量控制装置由卡瓦式流量控制器和卡簧式调产芯子组成，具体结构如图 4-2-26 和图 4-2-27 所示。

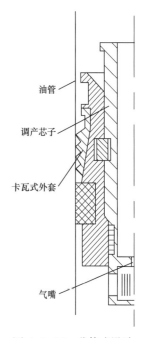

图 4-2-25　分体式设计结构示意图

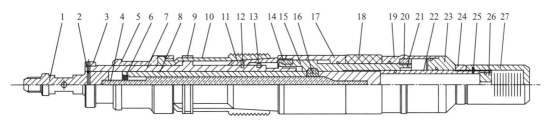

图 4-2-26　卡瓦式流量控制器结构示意图

1—投放器；2—销钉；3—挡环；4—芯杆；5—打捞颈；6—挡环；7—本体；8—内管；9—卡瓦箍；10—卡瓦；11—锥座；12—销钉；13—半圆环；14—连接套；15—内套；16—锁块；17—上外套；18—胶筒；19—下外套；20—挡环；21—鱼刺扣环；22—中心管；23—导向头；24—背母；25—销钉；26—气嘴；27—防砂罩

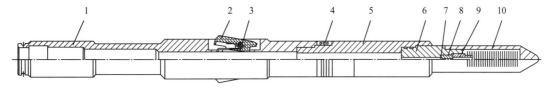

图 4-2-27　卡簧式调产芯子结构示意图

1—本体；2—锁块；3—双扭簧；4—V 形密封圈；5—连接段；6—气嘴座；7—铜垫；8—气嘴；9—气嘴压帽；10—防砂罩

### 3. 工作原理

$\phi$114.3mm 油管气井井下流量控制装置实施如下：

（1）卡瓦式流量控制器坐封。以绳索工具串连接卡瓦式流量控制器并将此工具通过采气井口下放到设计位置，缓慢上提绳索，使卡瓦相对于其他所有部件下移并卡死于油管内壁；继续上提绳索剪断销钉，投放器及芯杆随绳索工具串上移，实现投放机构整体上移脱离卡瓦式流量控制器；在井下高压力的作用下，工具密封腔内常压气体被压缩，并推动气缸压缩密封件实现工具与井筒的密封，随绳索工具串起出井筒外，卡瓦式流量控制器坐封成功。

（2）卡簧式调产芯子坐封。当气井流量需要变更时，以绳索工具串连接卡簧式调产芯子并将此工具通过采气井口下放至卡瓦式流量控制器位置，向下震击使卡簧式调产芯子插入卡瓦式流量控制器中心，剪断投放销钉完成卡簧式调产芯子投放。由于卡簧式调产芯子长度大于卡瓦式流量控制器，卡簧式调产芯子插入卡瓦式流量控制器中心的过程中将卡瓦式流量控制器的气嘴及防砂罩推入井底，此时卡簧式调产芯子的气嘴起到气井流量控制作用。

（3）$\phi$38.1mm 速度管柱下入。当气井产量低于临界携液流量时，首先利用专用打捞工具打捞卡簧式调产芯子，由于卡瓦式流量控制器中心通道为$\phi$45mm，因此在不打捞卡瓦式流量控制器的情况下，可将$\phi$38.1mm 速度管柱穿过其中心并下入井底。

### 4. 主要技术参数

#### 1）卡瓦式流量控制器

工作压差不大于35MPa，工作温度不大于120℃，最大外径92mm，最小内径45mm，总长940mm（表4-2-13）。

表4-2-13  $\phi$114.3mm 油管气井井下流量控制装置主要技术参数

| 名称 | 卡瓦式流量控制器 | 卡簧式调产芯子 |
|---|---|---|
| 工作压差/MPa | ≤35 | ≤35 |
| 工作温度/℃ | ≤120 | ≤120 |
| 最大外径/mm | 92 | 52 |
| 最小内径/mm | 45 | 20 |
| 总长/mm | 940 | 970 |

#### 2）卡簧式调产芯子

工作压差不大于35MPa，工作温度不大于120℃，最大外径52mm，最小内径20mm，总长970mm（表4-2-13）。

### 5. 性能特点

（1）气缸坐封，投放简单。卡瓦式流量控制器通过常规试井钢丝投放到设计位置，利用井筒内高压压缩工具密封腔内常压的气缸推动密封件实现密封。

（2）整体可打捞。卡瓦式流量控制器采用不对称卡瓦和胶筒回缩设计，打捞时卡瓦易解卡且胶筒可回缩。

（3）易调产。卡簧式调产芯子具有面积小、承受压力小的特点，在不打捞大直径装置整体的条件下，可通过小直径芯子的投捞实现气井快速调产的目的。

（4）大中心通道。卡瓦式流量控制器中心通道为$\phi$45mm，可将$\phi$38.1mm 速度管柱穿过其中心并下入井底，实现气井产量低于临界携液流量时的排水采气。

## 6. 室内模拟实验

### 1）密封性能实验

模拟现场工况，将卡簧式调产芯子坐封于卡瓦式流量控制器并一起投入$\phi$114.3mm 油管内，加水压观察密封状态。

实验 1：在常温下，将调产芯子和流量控制器装入$\phi$114.3mm 油管，加压 35MPa，保压 0.5～3.0h，压力不变。

实验 2：将调产芯子和流量控制器在 100℃沸水中加热 1.0～1.5h 后迅速装入$\phi$114.3 mm 油管中，加压 35MPa，坐封容易，保压 0.5～3.0h，压力不变。

实验结果表明：卡瓦式流量控制器、卡簧式调产芯子在压差最高为 35MPa 时，卡瓦及锁块未滑动，能够安全可靠工作；密封可靠，且反复坐封 3 次时，不渗不漏；胶筒和 V 形密封圈在不同压差和温度下的密封性能良好，可以满足长庆气田气井应用要求。

### 2）剪切销钉材质确定实验

卡瓦式流量控制器在试井钢丝投放过程中，遇阻后活动时销钉易剪断，分析原因可能与油管状况和销钉强度等有关。由于油管状况不易确定，因此研究剪切销钉。根据卡瓦式流量控制器的结构及使用状况，确定了剪切销钉的材质及结构形式，设计制作了试样及剪切实验装置，在 WHY-500 型全自动压力实验机上进行销钉剪切实验，实验结果见表 4-2-14。根据销钉剪切为测试结果，确定了合理的脱手销钉材质。

表 4-2-14　流量控制装置用 3mm 销钉剪切力测试结果

| 类型 | 破坏载荷 1/kN | 破坏载荷 2/kN |
| --- | --- | --- |
| 试样 1（常用） | 16.348 | 15.829 |
| 试样 2（易断） | 14.155 | — |
| 试样 3 | 13.836 | — |
| 1# 材质销钉 | 20.734 | 20.375 |
| 2# 材质销钉 | 15.470 | 16.547 |

注：实验加载速率为 0.1kN/s。

## 7. 现场应用

2013 年，$\phi$114.3mm 油管气井井下流量控制装置在现场应用 4 口井，均投放顺利，密封正常，解决了苏里格气田$\phi$114.3mm 油管气井采用井口加热炉生产方式存在的费用高、生产管理难度大和安全风险高的难题。

以苏 B 井为例说明该装置现场应用的效果。苏 B 井采用 $\phi$114.3mm 压裂采气一体化管柱进行水力压裂对储层进行改造，但由于常规油管井下节流器结构无法满足 $\phi$114.3mm 油管投放及打捞工艺要求，因此该井于 2013 年 5 月 30 日采用井口加热炉加热预防水合物生成、调节针阀控制流量的方式生产，生产 40 天后关井，其间租用加热炉费用 1.5 万元，加热炉消耗天然气 $1.1 \times 10^4 m^3$，消耗甲醇 0.25t，且加热炉生产期间井口需专业人员值守，存在管理难度大和安全风险高的缺点。因此，2013 年 10 月 22 日投放 $\phi$114.3mm 油管气井井下流量控制装置于 1500m 处，随即开井，油压由 18.22MPa 降为 2.31MPa，而且顺利实现 $5.0 \times 10^4 m^3$/d 配产要求。截至 2013 年 12 月 31 日，该装置累计产气 $337 \times 10^4 m^3$。在气井同等生产条件（生产 70 天）下，与加热炉生产方式相比，采用 $\phi$114.3mm 油管气井井下流量控制装置可节约天然气 $1.925 \times 10^4 m^3$、甲醇 0.44t，且该装置无须专业人员值守，无安全风险。

## 五、系列化井下节流器

根据气田不同生产管柱、不同井型的情况，研发了适合于水平井、定向井、直井的系列化井下节流器产品，满足了各类气井的生产需求（图 4-2-28 和表 4-2-15）。

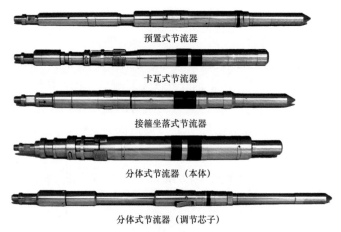

预置式节流器

卡瓦式节流器

接箍坐落式节流器

分体式节流器（本体）

分体式节流器（调节芯子）

图 4-2-28　系列化井下节流器

表 4-2-15　不同规格井下节流器技术参数

| 技术参数 | 尺寸规格 | | | |
|---|---|---|---|---|
| | $\phi$60.32mm | $\phi$73.02mm | $\phi$88.9mm | $\phi$114.3mm |
| 最大外径 /mm | 46 | 57 | 73 | 92 |
| 中心通道 /mm | 18 | 24 | 30 | 45 |
| 工作压差 /MPa | 40 | 40 | 40 | 40 |
| 工作温度 /℃ | 150 | 150 | 150 | 120 |
| 坐封力 /kN | ≤300 | ≤350 | ≤350 | ≤350 |

同时为了便于井下节流技术的管理，规范了井下节流器的命名方式，其代号形式见图 4-2-29、表 4-2-16 至表 4-2-19。

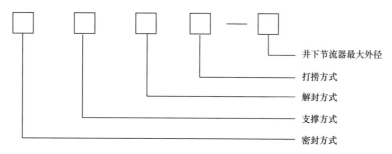

图 4-2-29 井下节流器命名方式

表 4-2-16 密封方式代号

| 密封方式 | 自封式 | 压缩式 | 楔入式 |
|---|---|---|---|
| 密封方式代号 | Z | Y | X |

表 4-2-17 支撑方式代号

| 支撑方式 | 卡瓦 | 锁块 | 卡簧 |
|---|---|---|---|
| 支撑方式代号 | 1 | 2 | 3 |

表 4-2-18 解封方式代号

| 解封方式 | 上击 | 下击 |
|---|---|---|
| 解封方式代号 | 1 | 2 |

表 4-2-19 打捞方式代号

| 打捞方式 | 外抓 | 内捞 |
|---|---|---|
| 打捞方式代号 | 1 | 2 |

# 第三节 井下节流器配套工具

在现场应用中，为满足生产需求，要调节气井产量，或为了充分发挥气井产能，在气井生产后期需从井筒中打捞节流器，因此，针对不同类型井下节流器及打捞过程中出现的问题，配套了相应的打捞工具。

## 一、筒式打捞工具

筒式打捞工具是专门针对卡瓦式节流器而设计的，根据其不同规格相应研制了相应规格的筒式打捞工具，如图 4-3-1 所示。

图 4-3-1　筒式打捞工具

### 1. 抓取节流器

在打捞作业时，通过作业钢丝将工具串（绳帽＋震击器＋加重杆＋打捞工具）下入井筒，当钢丝松弛时，说明工具已碰到卡瓦式节流器，反复上提、下击几次，使卡瓦式节流器撞击打捞工具，卡爪相对锁定外筒上移，卡爪张开，节流器进入其内孔，在弹簧的作用下卡爪复位，上提钢丝力达到 500N 左右时说明打捞工具抓住节流器打捞颈，上击几次使打捞颈带动卡瓦松动，上提钢丝力不再增大时，继续上提钢丝将节流器捞出井筒。

### 2. 节流器脱手

在打捞过程中当节流器遇卡时，向上震击打捞工具，上提震击直至打捞工具安全剪销剪断，在安全弹簧的作用下，芯轴带动卡爪相对锁定外筒上移，使打捞颈从卡爪脱手，打捞工具成功解抓节流器。

### 3. 现场应用

筒式打捞工具成功打捞卡瓦式节流器共 614 井次，一次性打捞成功率 93.2%。图 4-3-2 是用此筒式打捞工具打捞出的苏 D 井的失效节流器。

图 4-3-2　筒式打捞工具成功打捞节流器

## 二、爪式打捞工具

爪式打捞工具是针对当卡瓦式节流器上有落物（如压裂砂、碎胶皮）时，现有的筒式打捞工具无法抓住节流器打捞颈，导致打捞失败而设计的，如图 4-3-3 所示。该爪式打捞工具由芯轴、护罩、弹簧、安全剪销、打捞爪五部分组成。

图 4-3-3　爪式打捞工具实物图

## 1. 工作原理

爪式打捞工具通过钢丝作业完成卡瓦式节流器的打捞过程。使用前连接好打捞工具串，自上而下工具顺序为：绳帽＋加重杆＋震击器＋卡瓦式节流器＋爪式打捞工具。作业时在位于卡瓦式节流器以上 2～3m 快速下放新型井下打捞工具串，在惯性力的作用下打捞爪可径向变形，使节流器打捞颈插入打捞爪内，由于打捞爪处于自然状态时内径小于节流器打捞颈外径，此时打捞爪成功抓住节流器打捞颈缩径部位，随着钢丝作业将节流器取出井筒。

向上震击打捞筒，芯轴相对于打捞爪向上运动，此时安全销钉被剪断，在压缩弹簧的作用下，打捞爪相对于芯轴向下运动，由于芯轴尾部台阶的阻挡作用，打捞爪被撑开（大于打捞颈外径），此时打捞爪内径大于节流器打捞颈外径，打捞工具成功脱离节流器。

## 2. 现场应用

桃 b-g-ah 井于 2008 年 9 月 19 日投放卡瓦式节流器于 1900m 处。因节流器失效打捞更换，2008 年 11 月 20 日、12 月 2 日、12 月 5 日、12 月 8 日分别进行打捞，下放 CQX-56 筒式打捞工具分别于 6m、23m、40m、51m 处遇阻。2009 年 5 月 24 日再次打捞，注醇后下放 CQX-56 筒式打捞工具仍于 50m、70m 遇阻；2009 年 8 月 15 日下放 CQX-56 筒式打捞工具于 3.8m 遇阻，大排量注醇后于 1905m 探得节流器，下击解封时节流器下移 2m，CQX-56 筒式打捞工具经多次无法抓取节流器，起出打捞筒发现有少量的碎胶皮。原因分析：此井由于下击解封时节流器碎胶皮积于节流器之上，导致常规 CQX-56 筒式打捞工具无法抓取节流器。

2009 年 10 月 16 日，对桃 b-g-ah 井再次进行打捞，首先解封节流器，随即下 CQX-56 爪式打捞工具，一次性成功抓取节流器，如图 4-3-4 所示。

图 4-3-4 CQX-56 爪式打捞工具成功打捞节流器

## 三、压缩中心杆打捞工具

压缩中心杆打捞工具是专门针对卡瓦式节流器因调产更换时密封胶筒未损坏、筒式打捞工具无法打捞而设计的，如图 4-3-5 所示。

图 4-3-5 压缩中心杆打捞工具

### 1.抓取节流器

作业时在位于卡瓦式节流器以上 2～3m 快速下放井下打捞工具串,当压缩中心杆打捞工具打捞爪接触到节流器打捞颈时,由于惯性力的作用,打捞爪向上压缩大弹簧,打捞爪被撑开,使节流器打捞颈插入打捞爪内,当打捞爪伸入节流器打捞颈缩径部位时,打捞爪在大弹簧弹力作用下恢复到原来的入井状态,此时打捞爪成功抓住节流器打捞颈缩径部位。

打捞工具串轻微向上震击,打捞筒主体安全销钉被剪断,打捞筒主体芯杆在压缩弹簧作用下向下运动压缩节流器中心杆,致使节流器胶筒收缩,随着钢丝作业将节流器取出井筒。

### 2.节流器脱手

该打捞筒解抓节流器与筒式打捞工具完全相同,在打捞过程中当节流器遇卡时,向上震击打捞筒,上提震击直至打捞工具安全剪销剪断,在弹簧的作用下,芯轴带动卡爪相对锁定外筒上移,使打捞颈从卡爪脱手。

## 四、防上顶自卸荷排液工具

长庆苏里格气田广泛应用井下节流器生产,部分气井节流器以上存在严重积液,导致气井被完全压死。此类井由于井下节流器的存在,且气井能量低,无法采取传统的物理化学排水采气法[21]。

为克服常规排水采气法对此类井无法实施的缺点,设计一种能用试井钢丝操作、结构简单的排液工具,如图 4-3-6 和图 4-3-7 所示。

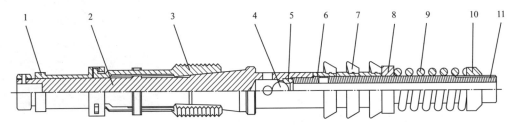

图 4-3-6 防上顶自卸荷排液工具设计图

1—连接颈;2—主体;3—卡瓦;4—钢球;5—阀座;6—O 形密封圈;7—胶筒;8—弹簧座;
9—弹簧;10—导向头;11—芯轴

图 4-3-7 防上顶自卸荷排液工具实物照片

### 1.取液举升

防上顶自卸荷排液工具通过钢丝作业完成节流器以上积液举升过程。作业时用试井钢丝将防上顶自卸荷排液工具缓慢下放到节流器位置以上,工具从入液面至节流器位置过程中，通过钢球与阀座间隙过液，上提时钢球与阀座密封，此时调节井口针阀，将积液举升到地面。

### 2. 卸荷

防上顶自卸荷排液工具具有自卸荷功能，向上举升过程中，当胶筒以上积液压力超过弹簧预设压缩张力时，胶筒随弹簧座向下压缩弹簧，此时胶筒相对于芯轴向下运动，芯轴卸荷孔暴露，液体通过卸荷孔流入井筒内，当胶筒以上积液压力等于弹簧预设压缩张力时，卸荷孔关闭继续举液。

### 3. 防上顶

同时，利用卡瓦实现防上顶功能。向上举升过程中，当井筒气流间歇性突然增大，工具上下压差增大，工具主体将迅速上窜，卡瓦受到主体锥面的阻挡，撑于井壁上，使整个工具坐封于井壁上，避免工具迅速上窜使试井钢丝打折，造成井下事故。

## 五、负压捞砂筒

针对节流器上面积液等情况，设计了负压捞砂筒，以排除节流器上积液进行后续打捞作业，设计图及实物如图 4-3-8 和图 4-3-9 所示。

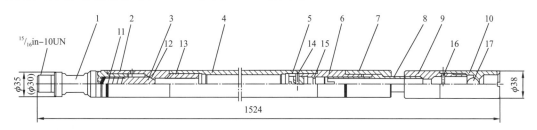

图 4-3-8　负压捞砂筒设计图（单位：mm）

1—打捞颈；2—短节 I；3—阀芯；4—筒体；5—活塞；6—短节 II；7—套；8—冲击套；9—短节 III；10—筒鞋；
11—弹簧；12，13，15—O 形密封圈；14—剪销；16—圆柱销；17—钢球

图 4-3-9　负压捞砂筒实物照片

负压捞砂筒的筒体内是一个大气压力的密封腔室，当捞砂筒下到位置时，震击器向下震击一个较短的行程，剪断剪销，捞砂筒内外形成压差，在压差作用下，井下积砂、杂物等进入筒内，钢球防止砂倒流。

该工具主要依靠球在筒鞋内灵活动作完成积砂储集，使用时该工具接在基本工具串下方，当下到节流器上方时，向下震击，碎屑将推开钢球进入筒体，当钢球回落时筒鞋关闭；完成作业后，取下弹性圆柱销，拆去筒鞋即可取出碎屑。

## 六、连续油管打捞工具

常规钢丝打捞采用试井钢丝，直径为 2.8mm，极限张力具有局限性，节流器在井内一旦遇阻，就有拉断试井钢丝的危险，导致井下事故。

为克服常规试井钢丝打捞节流器时钢丝极限张力局限性的缺点，设计了一种能连接于连续油管的具有专用扣的卡瓦式节流器打捞工具，如图 4-3-10 所示。

图 4-3-10　连续油管打捞工具

施工作业过程中根据节流器上提时遇阻情况，将此工具直接连接于连续油管专用扣上进行打捞，由于连续油管极限张力是试井钢丝极限张力的数十倍，可以大大提高遇阻节流器的打捞成功率，避免井下事故的发生。

## 七、气举打捞工具

借鉴排水采气柱塞在井筒内依靠气井自身能量上行的原理，设计了气举打捞工具及打捞工艺方法，充分利用气井自身能量辅助打捞，提高了施工可靠性，缩短了作业时间[22]。

### 1. 工具结构

气举打捞工具主要包括连接投放器、连接头和芯轴的连接管、设在接头内的弹簧及接头外的扁簧和卡瓦等部分，如图 4-3-11 所示。

图 4-3-11　气举打捞工具

### 2. 工作原理

借鉴排水采气柱塞在井筒内依靠气井自身能量上行的原理，利用钢丝试井车将节流器解卡后，将气举打捞工具投放在节流器上方，此时气举打捞工具将节流器卡瓦拉起处于收缩状态，并且与节流器衔接成一体，然后将工具串起到防喷管，更换内部安装的缓冲弹簧及下步连接捕捉器的防喷管。之后开井生产，气举打捞工具与节流器成一"柱塞"，依靠气井自身能量上行至防喷管内。

由于气举打捞工具能使卡瓦收回，而节流器胶筒永久变形仍具有一定的密封作用，因此开井降压后，节流器承受的向上推力远大于钢丝作业的拉力，从而能大幅提高节流器打捞的成功率。以 $2\frac{7}{8}$in 油管为例，节流器前后承受 1MPa 的压差，相当于节流器受到300kgf 左右的上推力，作用效果明显大于一般钢丝作业 300kgf 的拉力。而压差越大，节流器受到的上推力也越大，也就越有利于节流器的上行。而 $3\frac{1}{2}$in 油管采用传统钢丝作业时难度大，采用该工具后，同样的压差节流器受到更大的上推力，更有利于打捞成功。

### 3. 主要技术参数

工作温度：120℃。

工作压力：35MPa。

工具总长：420mm。

工具最大外径：56mm、70mm。

适用打捞节流器的外径：57mm、72mm。

### 4. 气举打捞工具操作方法

气举打捞工具打捞节流器的操作方法如下。

（1）节流器解卡：关井，通过钢丝作业使用盲锤下击节流器，使其下移解卡。

（2）投放气举打捞工具：将该工具投放至节流器上方。

（3）安装井口装置：工具投放后，起出工具串，在井口安装防喷管和捕捉器。

（4）开井生产：依靠气举打捞工具使节流器卡瓦一直处于收回状态，然后缓慢开启生产阀。依靠气井自身能量使节流器和气举打捞工具上行至捕捉器和防喷管内。

（5）完成打捞：由于捕捉器可阻止工具下行，因此可关闭气井测试阀，卸下防喷管和捕捉器，起出节流器，完成打捞工作。

## 八、GS 打捞工具

GS 打捞工具是专门针对预置式节流器而设计的，根据其不同规格相应研制了同规格的 GS 打捞工具。

GS 打捞工具主要由上接头、丢手销钉、压帽、芯轴、大弹簧、小弹簧、压套、卡爪座、工作筒、卡爪组成，如图 4-3-12 所示。

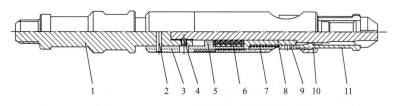

图 4-3-12　2in GS 打捞工具结构示意图

1—上接头；2—丢手销钉；3—压帽；4—紧定螺钉；5—芯轴；6—弹簧；7—小弹簧；8—压套；
9—卡爪座；10—工作筒；11—卡爪

## 九、落井钢丝打捞工具

### 1. 内捞锚

内捞锚实物图如图 4-3-13 所示。当下放或上提工具串时，钢丝某点由于疲劳而产生断裂，致使整个工具串及附带钢丝落入井内。此工具的作用是下入井内将落入井内的钢丝头勾入捞锚齿内，随着捞锚的上提，取出落井钢丝及工具串。

图 4-3-13　内捞锚实物图

2009 年 6 月 18 日苏 A 井投放节流器于 1900m 上提坐封时遇卡，2009 年 7 月 11 日闸板阀剪断钢丝关井。2009 年 11 月 11 日至 18 日用此工具将 1900m 钢丝全部捞出。用内捞锚捞出钢丝的过程如图 4-3-14 所示。

图 4-3-14　内捞锚打捞过程

## 2. 一把爪

一把爪实物图如图 4-3-15 所示。此工具的作用与内捞锚完全相同，它的优点是钩多容易抓住落井钢丝头，缺点是钩易被拉直。

图 4-3-15　一把爪实物图

## 3. 外钩

外钩实物图如图 4-3-16 所示。此工具的作用也是打捞落井钢丝，当井内上下压差的作用有可能使落井钢丝抱团时，此时内捞锚和一把爪就无法抓住抱团钢丝，而外钩由于作用面积小，可以插入抱团钢丝内，成功打捞抱团钢丝。

图 4-3-16　外钩实物图

## 4. 工具串打捞工具

实物图如图 4-3-17 所示。当钢丝于井内从工具串绳帽处断裂时，整个工具串就会掉入井筒内。此工具就是用来打捞井内工具串的，抓取、解抓工具串绳帽与筒式打捞工具完全相同。

图 4-3-17　工具串打捞工具实物图

# 第四节　大产量气嘴系列化研究

## 一、普通气嘴

根据苏里格气田单井产气量低的实际情况，节流器气嘴直径普遍较小，其常用的气嘴规格是 $\phi$10mm×15mm，气嘴直径是 1.0~4.5mm 且每 0.1mm 有一个系列，其相应的气井产气量在 $5×10^4 m^3/d$ 以下。以 $2^7/_8$in 卡瓦式节流器为例来说明这种普通气嘴的装配，如图 4-4-1 所示。合金气嘴装入节流器中心杆左端 $\phi$10.8mm 孔内，用手锤将左端 $\phi$12.5mm 处向孔内敲击铆死。

## 二、大产量气嘴

根据苏里格气田少数气井产气量超过 $5×10^4 m^3/d$ 的情况，加工了专门的节流器气嘴。其气嘴规格是 $\phi$15mm×15mm，气嘴直径是 5.0~8.0mm 且每 0.5mm 有一个系列。以 $2^7/_8$in 卡瓦式节流器为例来说明这种大产量气嘴的装配，如图 4-4-2 所示。合金气嘴装入节流器中心杆左端 $\phi$15.5mm 孔内，用手锤将左端 $\phi$17.2mm 处向孔内敲击铆死。

普通气嘴中心杆与大产量气嘴中心杆加工工艺相同，只是在钻孔时选用的麻花钻的规格不同而已，对比如图 4-4-3 和图 4-4-4 所示。

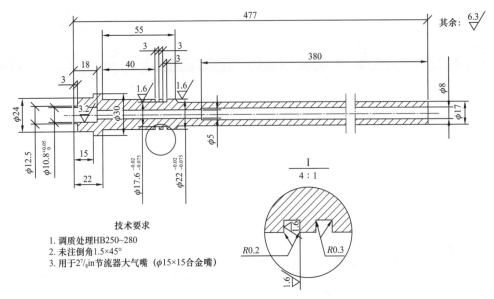

**技术要求**

1. 调质处理HB250~280
2. 未注倒角1.5×45°
3. 用于$2^7/_8$in节流器大气嘴（$\phi15×15$合金嘴）

图 4-4-1　普通气嘴相应节流器中心杆（单位：mm）

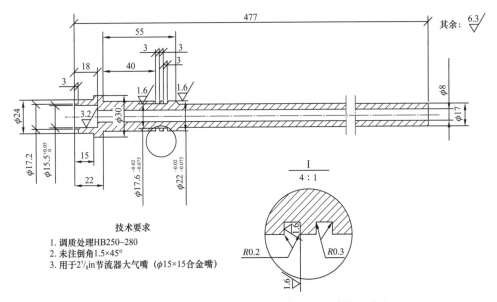

**技术要求**

1. 调质处理HB250~280
2. 未注倒角1.5×45°
3. 用于$2^7/_8$in节流器大气嘴（$\phi15×15$合金嘴）

图 4-4-2　大产量气嘴相应节流器中心杆（单位：mm）

图 4-4-3　大产量气嘴与普通气嘴实物对比

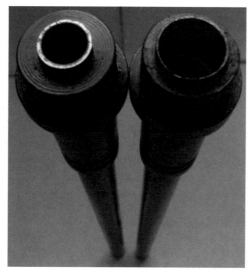

图4-4-4　大产量气嘴中心杆与普通气嘴中心杆实物对比

## 三、特殊气嘴

对于气井产气量超过 $20 \times 10^4 m^3/d$ 的情况，专门加工的节流器气嘴无法满足气井正常生产，因此开展了特殊气嘴的研究，如图4-4-5和图4-4-6所示。

气嘴（$\phi$15mm×15mm）用节流孔为 $\phi$12mm，合金嘴装入左端 $\phi$15.5mm孔内，用手锤将左端 $\phi$17.2mm处向孔内敲击铆死。因为右端孔为 $\phi$12mm，考虑到强度问题将原来外径由17mm更改为19mm，在装配时需对主体 $\phi$20mm孔进行挑选，以利于中心管轴向移动自如。

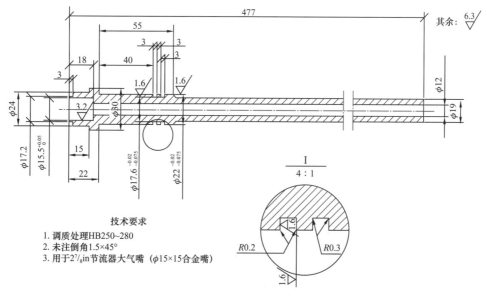

图4-4-5　特殊气嘴加工图（单位：mm）

图 4-4-6  系列化特殊气嘴

# 第五章 气井井下节流工艺设计

井下节流工艺设计的准确性和合理性，直接影响井下节流技术的应用效果，并在一定程度上影响井下节流器的工作寿命。

## 第一节 井下节流工艺参数设计

苏里格气田气井开井初期压力较高，但地面直接使用中低压集气管线，因此节流前后压差比较大，节流气嘴处的流动为临界流状态。确定临界流状态下的参数设计模型，同时为了方便快捷地进行井下节流工艺参数设计，实现参数优化，研究编制了设计软件。

### 一、气体通过气嘴的流量

气体节流过程的质量守恒方程为：

$$M = \frac{A_1 u_1}{v_1} = \frac{A_2 u_2}{v_2} \tag{5-1-1}$$

式中 $M$——天然气质量流量，kg/s；

$A_1$，$A_2$——节流器进口与出口的开口截面积，一般情况下 $A_1 = A_2$，mm²；

$u_1$，$u_2$——节流器进出口端面的气体流速，m/s；

$v_1$，$v_2$——节流器进出口端面的气体比容，m³/kg。

由于节流器长度很短，可不考虑气体通过节流器的位能变化，同时流动过程中没有功的输入或输出，摩擦损失亦忽略不计，可写出气体稳定流动节流过程的能量方程为：

$$v\mathrm{d}p + u\mathrm{d}u = 0 \tag{5-1-2}$$

式（5-1-2）的积分形式为：

$$\frac{u_2^2 - u_1^2}{2} = -\int_{p_1}^{p_2} v\mathrm{d}p \tag{5-1-3}$$

由于流速很高，气流通过节流孔道时与外界的热交换一般很小，可以忽略不计，因此可将节流过程视为绝热过程，入口状态与任一状态间的关系为：

$$v = v_1 \left( \frac{p_1}{p} \right)^{\frac{1}{k}} \tag{5-1-4}$$

将式（5-1-4）代入式（5-1-3）得：

$$\frac{u_2^2 - u_1^2}{2} = \frac{k}{k-1} p_1 v_1 \left[ 1 - \left( \frac{p_2}{p_1} \right)^{\frac{k-1}{k}} \right] \tag{5-1-5}$$

因 $u_2^2 \gg u_1^2$，如忽略 $u_1^2$，则：

$$u_2 = \sqrt{\frac{2kp_1v_1 \left[ 1 - \left( p_2 / p_1 \right)^{\frac{k-1}{k}} \right]}{k-1}} \tag{5-1-6}$$

对于出口端面，由式（5-1-4）得：

$$v_2 = v_1 \left( \frac{p_1}{p_2} \right)^{\frac{1}{k}} \tag{5-1-7}$$

将式（5-1-6）、式（5-1-7）代入式（5-1-1），用标准状态下的气体体积流量代替质量流量，同时引用天然气田实用单位，并取流量系数为 0.865，最后得到：

$$q_{sc} = \frac{4.066 \times 10^3 \, p_1 d^2}{\sqrt{\gamma_g Z_1 T_1}} \sqrt{\frac{k \left[ \left( p_2 / p_1 \right)^{\frac{2}{k}} - \left( p_2 / p_1 \right)^{\frac{k+1}{k}} \right]}{k-1}} \tag{5-1-8}$$

式中　$q_{sc}$——标准状态（$p$=0.101325MPa，$T$=293K）下通过气嘴的体积流量，m³/d；

$d$——气嘴直径，mm；

$p_1$——气嘴入口处的压力，MPa；

$p_2$——气嘴出口处的压力，MPa；

$\gamma_g$——天然气相对密度；

$T_1$——气嘴入口处温度，K；

$Z_1$——在气嘴上游状态下的气体压缩因子；

$k$——天然气的绝热指数。

由于在临界流动点：

$$\frac{p_2}{p_1} = \left( \frac{2}{k+1} \right)^{\frac{k}{k-1}} \tag{5-1-9}$$

而当 $\dfrac{p_2}{p_1} < \left( \dfrac{2}{k+1} \right)^{\frac{k}{k-1}}$ 时，流动为临界流，此时通过气嘴的气体流量 $q$ 达到最大值：

$$q_{max} = \frac{4.066 \times 10^3 \, p_1 d^2}{\sqrt{\gamma_g T_1 Z_1}} \sqrt{\left( \frac{k}{k-1} \right) \left[ \left( \frac{2}{k+1} \right)^{\frac{2}{k-1}} - \left( \frac{2}{k+1} \right)^{\frac{k+1}{k-1}} \right]} \tag{5-1-10}$$

显然，当气嘴直径 $d$ 一定时，$q_{max}$ 取决于 $p_1$。

## 二、井下节流压力温度分布

### 1. 井下节流压降预测模型

井下节流器可简化为一个突缩—突扩的结构，如图5-1-1和图5-1-2所示。天然气进入节流气嘴时过流断面突缩且局部摩阻增大，致使流速加快和压力急剧下降[23]。

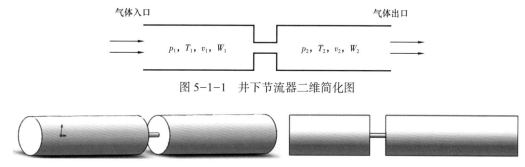

图 5-1-1　井下节流器二维简化图

图 5-1-2　井下节流器三维简化图

利用节流过程中天然气体积流量和压力关系式（5-1-8），已知气井产量$q$、节流入口压力$p_1$和入口温度$T_1$等参数时，计算出口压力$p_2$，节流压差$\Delta p=p_1-p_2$。同理，已知节流气嘴进出口压力和节流前温度，可计算出气井在节流工况下的体积流量，对于控制气井产量有一定效果。

单位质量流体在稳态流动中，符合能量守恒方程：

$$h_1 + \frac{1}{2}v_1^2 + gz_1 + Q = h_2 + \frac{1}{2}v_2^2 + gz_2 + W_s \qquad （5-1-11）$$

式中　$v_1$，$v_2$——节流前后气体流速，m/s；

$\quad\quad$ $h_1$，$h_2$——节流前后气体比焓，J/kg；

$\quad\quad$ $z_1$，$z_2$——节流前后位置，m；

$\quad\quad$ $W_s$——气体所做机械功，J/kg；

$\quad\quad$ $Q$——气体与周围环境的热交换，J/kg；

$\quad\quad$ $g$——重力加速度，m/s$^2$。

当天然气流经井下节流气嘴时，可假设：节流前后动能变化相对于焓值变化较小，可忽略；气体不对外做功；气体通过气嘴流速过快，与外界不发生热交换，忽略热损失$Q$。在上述假设下，式（5-1-11）简化为：

$$h_1 + \frac{1}{2}v_1^2 = h_2 + \frac{1}{2}v_2^2 \qquad （5-1-12）$$

内能消耗使节流气嘴出口气体温度骤降，水合物露点高于气体温度，节流后水合物容易产生。节流气嘴前后两截面焓值相等，但节流过程焓值变化是先降再升，并非是等焓过程。

### 2. 井下节流温降预测模型

基于热力学原理，对于节流过程中的流体，其温度变化趋势由焦耳系数 $ai$ 决定。当 $ai<0$ 时，节流气嘴出口处流体温度上升；当 $ai>0$ 时，温度下降；当 $ai=0$ 时，流体温度不变。天然气井的节流过程，其焦耳系数大于零，节流气嘴进出口流体温度有较大温差，易生成水合物。水合物堵塞了生产管柱，致使气井产量降低，掌握节流气嘴进出口流体温度变化趋势，利用地层热量为节流后低温流体加热，对于指导井下节流器合理安装深度有重要作用。

基于范德华混合规则和能量守恒定理推导出节流温降数学模型，采用 P-R 方程来描述气体节流的相平衡过程。根据热力学知识，焓是状态函数，与变化途径无关。因此，气体焓值具有如下特点：

（1）焓值是状态值。假设天然气从状态 1（$p_1$，$T_1$）到状态 2（$p_2$，$T_2$），气体焓变只与状态 1 和状态 2 有关。

（2）天然气焓值可由气体组分、压力及温度等参数计算，可知焓值、压力、气体组分及温度间存在相互关系。当已知天然气焓值、组分及压力时，可计算该状态下天然气温度。

考虑到焓值具有上述特点，可采用相平衡方法来计算天然气节流温度变化。

（1）气体节流前后焓值相等。由井筒流体温度压力耦合预测模型，根据井底温度和压力可计算出节流前气体温度和压力。已知节流前天然气压力、温度和气体组分可计算出节流前后的焓值。

（2）气体组分在节流中不会变化，根据节流过程压降计算公式，可计算出节流后气体压力。利用节流气嘴出口处气体压力和焓值，求得节流温度。

以上计算方法仅考虑纯气相环境下天然气温度变化，实际工况下流体会含有少部分液态水，节流中温度及压力的变化会导致天然气凝析液生成。为了有更精准的计算结果，考虑气体含水对温降计算的影响，需要进行相平衡计算。

流体中气相和液相的摩尔分数之比，即气液两相的平衡常数，需要满足式（5-1-13）：

$$K_i = \frac{x_i}{y_i} \qquad (5\text{-}1\text{-}13)$$

式中　$K_i$——组分 $i$ 的相平衡常数；

　　　$x_i$——组分 $i$ 在液相的摩尔分数；

　　　$y_i$——组分 $i$ 在气相的摩尔分数。

当混合流体中气相和液相处于平衡状态时，满足归一化条件：

$$x_i = \frac{Z_i}{(K_i-1)n_t+1} \qquad (5\text{-}1\text{-}14)$$

$$\sum_{i=1}^{n} x_i = \sum_{i=1}^{n} \frac{Z_i}{(K_i-1)n_t+1} = 1 \qquad (5\text{-}1\text{-}15)$$

式中　$n$——天然气中包含的组分数；

　　　$n_t$——天然气气相摩尔分数。

计算烃类体系相平衡时采用 P-R 状态方程：

$$p = \frac{RT}{V - b_m} - \frac{\varepsilon(T)}{V(V + b_m) + b_m(V - b_m)}$$ （5-1-16）

其中：

$$\varepsilon(T) = \sum_{i=1}^{n} \sum_{j=1}^{n} x_i x_j (a_i a_j \alpha_i \alpha_j)^{0.5} (1 - K_{ij})$$

$$b_m = \sum_{i=1}^{n} 0.0778 x_i R T_{ci} / p_{ci}$$

$$a_i = 0.045724 \frac{R^2 T_{ci}^2}{p_{ci}}$$

$$\alpha_i = [1 + (0.37464 + 1354226 w_i - 0.26992 w_i^2)(1 - T_{ri}^{0.5})]^2$$

式中　$V$——1mol 分子的体积，$m^3$；

　　　$K_{ij}$——天然气的交互作用系数；

　　　$w_i$——组分 $i$ 的偏心因子；

　　　$p_{ci}$——组分 $i$ 的临界压力；

　　　$R$——气体常数，取 8.314kJ/（kmol·K）；

　　　$T_{ci}$——组分 $i$ 的临界温度；

　　　$T_{ri}$——组分 $i$ 的对比温度。

特定条件下天然气焓值可用相同温度理想气体焓和等温焓差来表示。计算等温焓差需满足式（5-1-17）：

$$H - H_0 = \int_{\infty}^{V} \left[ T \left( \frac{\partial p}{\partial T} \right)_V - p \right] dV + RT(Z - 1)$$ （5-1-17）

对天然气状态方程 $\left( \dfrac{\partial p}{\partial T} \right)_V$ 中的 $T$ 求导：

$$\left( \frac{\partial p}{\partial T} \right)_V = \frac{RT}{V - b_m} - \frac{\dfrac{\partial \varepsilon(T)}{\partial T}}{V(V + b_m) + b_m(V - b_m)}$$ （5-1-18）

将式（5-1-16）、式（5-1-18）代入式（5-1-17）中可得：

$$\frac{H - H_0}{RT} = \frac{\dfrac{\partial \varepsilon(T)}{\partial T} - \varepsilon(T)}{RT 2\sqrt{2} b_m} \ln \frac{Z + 2.414 \dfrac{b_m p}{RT}}{Z - 0.414 \dfrac{b_m p}{RT}} + Z - 1$$ （5-1-19）

其中：

$$T\frac{\partial \varepsilon(T)}{\partial T} = -\sum_{i=1}^{n}\sum_{j=1}^{n} x_i x_j (a_i a_j \alpha_i \alpha_j)^{0.5}(1-K_{ij})$$

理想状态气体各组分在一定温度条件下的焓可表示为：

$$H_{0i} = 1000\left(B_{0i} + B_{1i}T + B_{2i}T^2 + B_{3i}T^3 + B_{4i}T^4 + B_{5i}T^5\right) \quad （5-1-20）$$

式（5-1-20）中，$B_{0i}$—$B_{5i}$ 是理想气体各组分的气体焓常数。式（5-1-20）整理后得到理想气体焓值：

$$H_0 = \sum_{i=1}^{n} H_{0i} \quad （5-1-21）$$

已知某温度环境中理想气体焓值和等温焓差，该工况下混合流动介质焓值计算公式：

$$H = 1000(H-H_0)/M + H_0 \quad （5-1-22）$$

$$M = \sum_{i=1}^{n} M_i z_i \quad （5-1-23）$$

$$H = (1-n_t)H_1 + n_t H_g \quad （5-1-24）$$

式中　$M$——气体平均摩尔质量，kg/mol；

$M_i$——组分 $i$ 的气体平均摩尔质量，kg/mol；

$z_i$——组分 $i$ 的气相摩尔分数；

$H_g$——气相组分焓值，J/kg；

$H_1$——液相组分焓值，J/kg。

由上述计算公式，总结出计算节流后气体温度的方法。在已知节流气嘴入口处天然气温度、压力及气体组分的前提下，计算入口焓值 $H_1$。考虑到节流是等焓过程，基于相平衡原理，设节流气嘴出口温度为 $T_0$，通过调整 $T_0$ 计算出不同温度条件下的气体焓值 $H_2$。满足 $H_1=H_2$ 时的气体温度 $T_0$ 为节流后天然气温度。

### 3. 节流气井井筒压力温度分布规律

根据井下节流压降、温降预测模型，基于节点分析理论，可认为节流气嘴附近属于函数节点，将气嘴上下游分为两个互不影响的独立系统。以苏里格气田 S1 井为例，气层中深 2400m，井底深度 2500m，在不采用井下节流工艺的情况下，该井井口压力远超输气管网承压力极限，同时在井口位置易生成水合物，采用井下节流工艺来降低井筒内气体流压。S1 井采用卡瓦式节流器，下入深度 2100m，节流气嘴口径为 3.4mm，气井产 $q_g$=2.56×10⁴m³/d。为满足井口外输压力且输气管网中不会产生压力过载，井口压力 $p_0$ 需小于 3.5MPa，经计算节流压差 $\Delta p$=11.11MPa、节流温差 $\Delta T$=22.91℃、节流压力比 $\beta_k$=0.34，属于临界流动状态，气井节流前后井筒温度、压力随井深变化关系分别如图 5-1-3 和图 5-1-4 所示。

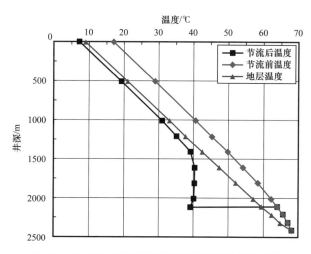

图 5-1-3　S1 井节流前后的温度随井深变化曲线

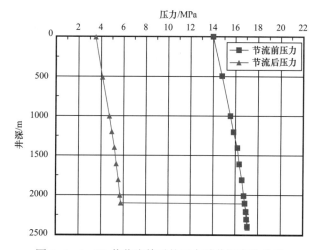

图 5-1-4　S1 井节流前后的压力随井深变化曲线

通过图 5-1-3 发现节流前气体温度随地层温度按线性规律逐渐降低，未出现明显波动。当气流经过节流气嘴，气体温度骤然下降；在气体向井口流动的过程中，地层温度高于节流后气体温度，气体吸收地层热量减缓，温度呈下降趋势，当到达井口时不需要地面加热装置供热。如图 5-1-4 所示，气体经过节流气嘴时，节流器有效地实现了节流降压的目的，节流后气体在上升过程中压力逐渐衰减；当气体到达地面时的温度低于该压力工况下水合物露点，不会有水合物生成。

1）气井产量对井筒压力温度分布的影响

同样以 S1 气井为例，设定气井产量分别为 $2 \times 10^4 m^3/d$、$3 \times 10^4 m^3/d$ 和 $4 \times 10^4 m^3/d$，井筒内气体温度随井深变化趋势如图 5-1-5 所示。天然气自井底到节流器入口处，虽然三口气井产量不同，但温度变化规律类似，由于气流温度高于同深度处地层温度，故受环境影响较小。经过节流气嘴后高温气体温度骤降，从节流器出口至井口段，气体温度分布是非线性变化的，且气井产量越高，温度下降速度越快。产量最高时气井在相同井深处天然气温度最低，原因是节流后低温气体可以吸收地层能量来提高自身温度，但高产气量往往气流速度过快，天然气还未吸收到足够的热量便被输送至井口。

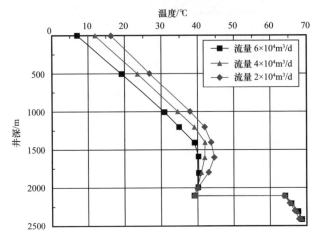

图 5-1-5　气井产量对节流气井井筒温度分布的影响

井筒内流体从井底到节流器入口处，压力与温度分布规律相似，受气井产量影响较小，如图 5-1-6 所示。从节流器出口至井口段，管柱内气体压力呈线性规律分布，随着气井日产量的提高，相同井深的井筒压力分布有逐渐缩小的趋势。引起该结果的原因是气井产量越高，气体克服管柱中沿程阻力所产生的压降越大，产量越大压降效果越明显。

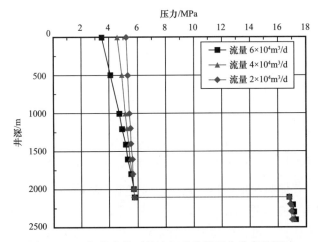

图 5-1-6　气井产量对节流气井井筒压力分布的影响

## 2）气体相对密度对井筒压力温度分布的影响

以 S1 气井为例，该井产气量为 $2.66 \times 10^4 m^3/d$，设定产气时间为 30 天，并分别假设天然气相对密度为 0.64、0.74 和 0.84。计算不同相对密度的天然气在井筒中的温度、压力值，可分析气体相对密度对温度和压力的影响。

如图 5-1-7 所示，在气井日产量和采气时间为定值的前提下，节流作用后，管柱内气体温度随相对密度的上升而减小。由于节流后气体温度低于同深度处地层温度，相对密度较高的天然气与相对密度较低的相比，无法充分吸收地层热量，相对密度越高，到达井口时温度越低。

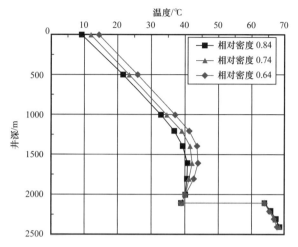

图 5-1-7 气体相对密度对节流气井井筒温度分布的影响

天然气在不同相对密度下，井筒内气体压力随井深的变化关系如图 5-1-8 所示。节流前不同相对密度的气体压力变化趋势相似。当流经节流器后，管柱内气体压力随相对密度的下降而上升。产生该现象的原因是，相对密度较高的气体，受沿程阻力作用致使压力梯度变大，从而气体在井口处压力越小。

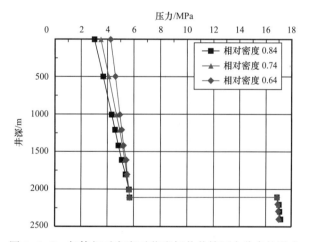

图 5-1-8 气体相对密度对节流气井井筒压力分布的影响

## 三、气嘴直径

根据气嘴流量模型，在临界流状态下井下节流气嘴的直径计算公式为：

$$d=\left(\frac{1}{4.066\times10^{3}}\right)^{\frac{1}{2}}\left(\frac{q_{\max}}{p_{1}}\right)^{\frac{1}{2}}\left(Z_{1}T_{1}\gamma_{g}\right)^{\frac{1}{4}}\left(\frac{k}{k-1}\right)^{-\frac{1}{4}}\left[\left(\frac{2}{k+1}\right)^{\frac{2}{k-1}}-\left(\frac{2}{k+1}\right)^{\frac{k+1}{k-1}}\right]^{-\frac{1}{4}} \quad (5-1-25)$$

可以看出，在临界流状态下，下游压力 $p_2$ 与节流气嘴直径没关系，其大小取决于系统回压，设计上可以采用计算较为简单方便的简化模型。最大产气量与气嘴直径、压力的关系如图 5-1-9 所示。

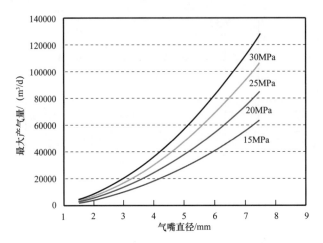

图 5-1-9　气嘴最大产气量与直径、压力的关系图

如图 5-1-9 所示，在压力一定的情况下，最大产气量随着气嘴直径的增大呈曲线上升的趋势；在气嘴直径一定的情况下，最大产气量随着压力的升高而增大。

## 四、气嘴下入深度

### 1. 气嘴最小下入深度

苏里格气田井下节流的目的之一就是防止水合物的生成。水合物是否生成主要与压力和温度有关，而温度又和气嘴所在深度有关。因为井下节流工艺利用地热资源对节流后的气流加热，气嘴所在深度将直接决定气流到达井口的温度。

当气体流经气嘴做等熵膨胀时，根据热力学公式有：

$$\frac{T_2+273}{T_1+273}=\left(\frac{p_2}{p_1}\right)_k^{Z(k-1)/k} \qquad (5-1-26)$$

用地温梯度折算气嘴入口处的温度：

$$T_1=T_0+H/M_0 \qquad (5-1-27)$$

代入式（5-1-26），并设 $\beta=\dfrac{p_2}{p_1}$ 得：

$$T_2=(T_0+H/M_0+273)\beta^{Z(k-1)/k}-273 \qquad (5-1-28)$$

为了避免节流后温度过低导致冰堵，必须 $T_2 \geqslant T_h$，即

$$T_2=(T_0+H/M_0+273)\beta^{Z(k-1)/k}-273 \geqslant T_h \qquad (5-1-29)$$

式中　$T_h$——水合物生成温度，℃。

气嘴最小下入深度的估算公式：

$$H \geqslant M_0[(T_h + 273)\beta^{-Z(k-1)/k} - (273 + T_0)] \tag{5-1-30}$$

将 $\beta = \dfrac{p_2}{p_1}$ 代入式（5-1-30），得气嘴最小下入深度 $H$：

$$H \geqslant M_0\left[(T_h + 273)\left(\frac{p_2}{p_1}\right)^{-Z(k-1)/k} - (273 + T_0)\right] \tag{5-1-31}$$

式中　$H$——节流器最小下入深度，m；

　　　$M_0$——地温增率，m/℃；

　　　$T_h$——水合物生成温度，℃；

　　　$T_0$——地面平均温度，℃；

　　　$\beta$——临界压力比；

　　　$Z$——气体压缩因子；

　　　$k$——天然气绝热指数。

### 2. 气嘴合理下入深度

根据式（5-1-31），从防止水合物生成的角度出发，可得到井下节流器在井筒中的上限位置。实际应用中，应根据不同的工艺需要，并考虑井下节流器的适用条件，选择合理的下入深度。通过模拟计算，节流器最小下入深度为1500m时，井筒内温度压力曲线与水合物生产曲线不相交，不存在水合物生成风险（图5-1-10）。

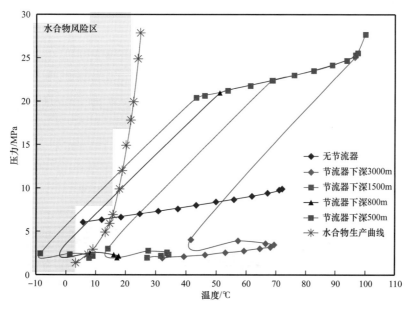

图 5-1-10　井下节流器下深1500m时井筒压力与温度分布图

　　从井下节流器工作寿命考虑，井下节流器投放位置越深，其工作环境温度越高，承受的压力也增大（图5-1-11），对井下节流器工作寿命影响也越大。因此，实际下入深度不宜过大。

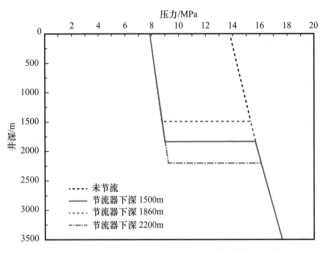

图5-1-11　节流器不同下深与压力的关系图

　　例如，长庆苏里格气田地面采用中低压集气流程，节流气嘴处为临界流状态，需要保证 $\dfrac{p_2}{p_1}<\left(\dfrac{2}{k+1}\right)^{\frac{k}{k-1}}\approx0.55$，$p_2$ 按 4.5MPa 计算，所需要的 $p_1$ 约为 8.11MPa。而根据苏里格气田实际资料，由初期压力和压降梯度折算下来的上游压力高于 8.11MPa，也就是说，气嘴最小下入深度能够保证气嘴处仍然为临界流状态，可满足地面对中低压集气的要求。

## 五、气嘴长度

　　前面在讨论气体通过节流器的流动时，均未考虑摩擦的影响，但在实际的管内流动过程中，摩擦总是存在的。特别是对天然气通过井下节流器这样的流动过程，由于节流器气嘴长度很短，气体流动速度又比较大，气体与固体壁面之间的热交换影响与摩擦作用相比可以忽略不计，将这种流动称为一维定常等截面的绝热摩擦管流，可以把这种流动看作纯摩擦流动。

　　为了讨论摩擦对绝热流动中气流参数的影响，对如图5-1-12所示的微元控制体写出微分形式的基本方程。

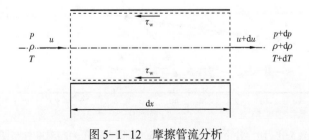

图5-1-12　摩擦管流分析

取控制体轴向长度为 dx，进口参数为 $u$，$p$，$\rho$，$T$；出口截面参数为 $u+\mathrm{d}u$，$p+\mathrm{d}p$，$\rho+\mathrm{d}\rho$，$T+\mathrm{d}T$；切应力为 $\tau_w$。

微分形式的连续方程为：

$$\frac{\mathrm{d}\rho}{\rho}+\frac{\mathrm{d}u}{u}=0 \tag{5-1-32}$$

能量方程为：

$$\mathrm{d}h+u\mathrm{d}u=0 \tag{5-1-33}$$

对于完全气体：

$$\mathrm{d}h=c_p\mathrm{d}T \tag{5-1-34}$$

取完全气体状态方程对数的微分，得：

$$\frac{\mathrm{d}p}{p}=\frac{\mathrm{d}\rho}{\rho}+\frac{\mathrm{d}T}{T} \tag{5-1-35}$$

已知节流器孔道的截面积为 $A$、直径为 $D$，则控制体内流体的动量方程可写作：

$$\rho u\mathrm{d}u+\mathrm{d}p+4\tau_w\mathrm{d}x/D=0 \tag{5-1-36}$$

定义壁面切向应力与气流动压头之比为摩擦系数，即 $C_f=\tau_w/\left(\frac{1}{2}\rho u^2\right)$，代入式（5-1-36）后，同除以 $\rho u^2$，并引入声速和马赫数的定义式，得：

$$\frac{\mathrm{d}u}{u}+\frac{1}{kMa^2}\frac{\mathrm{d}p}{p}+\frac{4C_f}{2}\frac{\mathrm{d}x}{D}=0 \tag{5-1-37}$$

根据马赫数的定义 $Ma^2=u^2/(kRT)$，取对数并微分后得：

$$\frac{\mathrm{d}Ma^2}{Ma}=\frac{\mathrm{d}u^2}{u^2}-\frac{\mathrm{d}T}{T} \tag{5-1-38}$$

根据能量方程的微分形式可得 $c_p\mathrm{d}T+u\mathrm{d}u=0$，等式两边同除以 $c_pT$，并引入声速和马赫数的定义式，得：

$$\frac{\mathrm{d}T}{T}+\left(k-1\right)Ma^2\frac{\mathrm{d}u}{u}=0 \tag{5-1-39}$$

根据总压（$p^*$）与静压间的关系式，取对数并微分后得：

$$\frac{\mathrm{d}p^*}{p^*}=\frac{\mathrm{d}p}{p}+\frac{kMa^2}{1+\dfrac{k-1}{2}Ma^2}\frac{\mathrm{d}Ma}{Ma} \tag{5-1-40}$$

由冲量函数 $F=pA+\rho u^2A=pA\left(1+kMa^2\right)$ 取对数后微分得：

$$\frac{\mathrm{d}F}{F} = \frac{\mathrm{d}p}{p} + \frac{2kMa^2}{1+kMa^2}\frac{\mathrm{d}Ma}{Ma}$$

（5-1-41）

根据熵和总压的关系，微分得：

$$\frac{\mathrm{d}S}{c_p} = -R\frac{k-1}{k}\frac{\mathrm{d}p^*}{p^*}$$

（5-1-42）

这样，得到上述式（5-1-32）、式（5-1-35）、式（5-1-37）至式（5-1-42）的 8 个联立线性方程组，这 8 个方程中联系着 9 个变量，分别为 $\mathrm{d}p/p$、$\mathrm{d}\rho/\rho$、$\mathrm{d}T/T$、$\mathrm{d}u/u$、$\mathrm{d}Ma/Ma$、$\mathrm{d}p^*/p^*$、$\mathrm{d}S/c_p$、$\mathrm{d}F/F$ 和 $4C_f\mathrm{d}x/D$。在等截面摩擦管流中，引起气流参数变化的物理原因是黏性摩擦，因此，可以取 $4C_f\mathrm{d}x/D$ 作为独立变量，其余 8 个变量可以由上述 8 个方程用 $4C_f\mathrm{d}x/D$ 表示，这样可以方便地分析摩擦对气流参数的影响。上述 8 个方程可整理为绝热摩擦管流的关系式，即

$$\frac{\mathrm{d}u}{u} = \frac{kMa^2}{2(1-Ma^2)}4C_f\frac{\mathrm{d}x}{D}$$

（5-1-43）

$$\frac{\mathrm{d}p}{p} = -\frac{kMa^2\left[1+(k-1)Ma^2\right]}{2(1-Ma)}4C_f\frac{\mathrm{d}x}{D}$$

（5-1-44）

$$\frac{\mathrm{d}\rho}{\rho} = -\frac{kMa^2}{2(1-Ma^2)}4C_f\frac{\mathrm{d}x}{D}$$

（5-1-45）

$$\frac{\mathrm{d}T}{T} = -\frac{k(k-1)Ma^2}{2(1-Ma^2)}4C_f\frac{\mathrm{d}x}{D}$$

（5-1-46）

$$\frac{\mathrm{d}Ma^2}{Ma^2} = \frac{kMa^2\left(1+\dfrac{k-1}{2}Ma^2\right)}{1-Ma^2}4C_f\frac{\mathrm{d}x}{D}$$

（5-1-47）

$$\frac{\mathrm{d}p^*}{p^*} = -\frac{kMa^2}{2}4C_f\frac{\mathrm{d}x}{D}$$

（5-1-48）

$$\frac{\mathrm{d}F}{F} = -\frac{kMa^2}{2(1+kMa^2)}4C_f\frac{\mathrm{d}x}{D}$$

（5-1-49）

$$\frac{\mathrm{d}S}{c_p} = \frac{(k-1)Ma^2}{2}4C_f\frac{\mathrm{d}x}{D}$$

（5-1-50）

从式（5-1-43）至式（5-1-50）可以看出摩擦管流中气流各参数沿管长方向的变化规律。即不论是亚声速气流还是超声速气流，摩擦的作用都是使气流的总压下降、冲量减小，而熵值增大，所以壁面摩擦降低了气流的机械能。摩擦作用对气流参数（$u$，$Ma$，$p$，$\rho$，$T$）的影响，在亚声速气流中与超声速气流中刚好相反，各种参数的变化规律列入表 5-1-1 中。

**表 5-1-1　等截面摩擦管流中气流参数沿管长方向的变化**

| 气流状态 | $\dfrac{\mathrm{d}u}{u}$ | $\dfrac{\mathrm{d}Ma}{Ma}$ | $\dfrac{\mathrm{d}p}{p}$ | $\dfrac{\mathrm{d}\rho}{\rho}$ | $\dfrac{\mathrm{d}T}{T}$ | $\dfrac{\mathrm{d}p^*}{p^*}$ | $\dfrac{\mathrm{d}F}{F}$ | $\dfrac{\mathrm{d}S}{c_p}$ |
|---|---|---|---|---|---|---|---|---|
| $Ma<1$ | ↑ | ↑ | ↓ | ↓ | ↓ | ↓ | ↓ | ↑ |
| $Ma>1$ | ↓ | ↓ | ↑ | ↑ | ↑ | ↓ | ↓ | ↑ |

注："↑"表示增加，"↓"表示下降。

由上述分析可知，单纯的摩擦不能使亚声速气流转变为超声速气流，也不能使超声速气流连续地转变为亚声速气流，摩擦的作用相当于使管道的截面减小。特别需要指出的是：无论是亚声速流还是超声速流，摩擦阻力的作用总是使气流的速度向声速靠近，即使得流动向马赫数等于 1 的临界状态靠近，对应于每个给定的进口气流速度系数都有确定的极限管长 $L^*$。倘若实际管长超过给定进口速度系数的极限管长 $L^*$，即 $L>L^*$，即使出口的背压足够低，流动也将出现壅塞现象。壅塞将使气流的压强增高，对流动形成扰动，迫使气流向能够流得过去的方向做出相应调整。如何调整，将依气流是亚声速还是超声速的不同而有所不同。

下面分析最大管长的影响因素。为方便起见，对式（5-1-47）进行积分，并整理可得：

$$\int_0^{L_{\max}} 4C_f \frac{\mathrm{d}x}{D} = \int_M^1 \frac{1-Ma^2}{kMa^2\left(1+\dfrac{k-1}{2}Ma^2\right)}\frac{\mathrm{d}M}{M} \qquad (5-1-51)$$

式（5-1-51）中取 $x=0$ 的截面上的马赫数为 $M$，$x=L_{\max}$ 截面上的马赫数恰为 1。这里将 $L_{\max}$ 称作最大管长，它是在确定的进口马赫数下，使出口截面刚好加速至临界截面状态的管长，积分式（5-1-51）可得：

$$4\overline{C}_f \frac{L_{\max}}{D} = \left[1 - \frac{1}{kMa^2} - \frac{k+1}{2k}\ln\left(\frac{Ma^2}{1+\dfrac{k-1}{2}Ma^2}\right)\right]\Bigg|_M^1$$

$$= \frac{1-Ma^2}{kMa^2} + \frac{k+1}{2k}\ln\left[\frac{(k+1)Ma^2}{2\left(1+\dfrac{k-1}{2}Ma^2\right)}\right] \qquad (5-1-52)$$

其中，$\overline{C}_f$ 是按照长度平均的摩擦系数，其定义为：

$$\overline{C}_f = \frac{1}{L_{max}} \int_0^{L_{max}} C_f dx \qquad (5-1-53)$$

式（5-1-53）给出了对应于任何马赫数的 $4\overline{C}_f L/D$ 的最大值。由于 $4\overline{C}_f L/D$ 只是马赫数的函数，因此当流动从给定的某个马赫数 $Ma_1$ 变到某个终了马赫数 $Ma_2$ 所需的管长可由式（5-1-54）求得：

$$4\overline{C}_f \frac{L}{D} = \left(4\overline{C}_f \frac{L}{D}\right)_{Ma_2} - \left(4\overline{C}_f \frac{L}{D}\right)_{Ma_1}$$

$$= \frac{1}{kMa_1^2}\left(\frac{Ma_2^2 - Ma_1^2}{Ma_2^2}\right) + \frac{k+1}{2k}\ln\left[\frac{Ma_1^2\left(1+\frac{k-1}{2}Ma_2^2\right)}{Ma_2^2\left(1+\frac{k-1}{2}Ma_1^2\right)}\right] \qquad (5-1-54)$$

在气体动力学的计算中，有时用马赫数（气流速度与临界速度之比）更方便。下面引入速度系数 $\lambda$ 的概念，即 $\lambda = v/c_{cr}$，则式（5-1-54）可改写为：

$$\left(\frac{1}{\lambda_1^2} - \frac{1}{\lambda_2^2}\right) - \ln\left(\frac{\lambda_2^2}{\lambda}\right) = \frac{2k}{k+1}4\overline{C}_f \frac{L}{D} \qquad (5-1-55)$$

式中 $\lambda_1$ 为进口截面（$x=x_1$）上的速度系数，$\lambda_2$ 为离进口截面距离为 $L$ 处的那个截面（$x=x_2$）上的速度系数。为方便计算，令：$\frac{2k}{k+1}4\overline{C}_f \frac{L}{D} = X$，称为折合管长，它与管子的几何尺度只差一个比例系数 $\frac{8k}{k+1}\frac{\overline{C}_f}{D}$，这个比例系数决定于摩擦系数、气体性质及管径大小。考虑到 $\lambda_2$ 的任意性，将式（5-1-55）中下脚标 2 去掉亦成立，于是：

$$\left(\frac{1}{\lambda_1^2} - \frac{1}{\lambda^2}\right) - \ln\left(\frac{\lambda^2}{\lambda}\right) = X \qquad (5-1-56)$$

对于任意给定的 $\lambda_1$，可以把式（5-1-56）作成曲线，如图 5-1-13 所示，在 $\lambda_1 < 1$ 的区间，$\lambda$ 随 $X$ 的增加而增加，但最多只能增加到 $\lambda_1 = 1$；在 $\lambda_1 > 1$ 的区间，$\lambda$ 随 $X$ 的增加而减少，但充其量只能减少到 $\lambda = 1$。当在 $\lambda = 1$ 时，$X = \frac{2k}{k+1}4\overline{C}_f \frac{L_{max}}{D} = X_{max}$，此值由式（5-1-57）决定：

$$X_{max} = \frac{1}{\lambda_1^2} - 1 - \ln\left(\frac{1}{\lambda_1^2}\right) \qquad (5-1-57)$$

该结果即为前面所说的，摩擦的作用是使气流向临界状态靠近。对于某个给定的进口

马赫数 $Ma_1$ 或速度系数 $\lambda_1$，必然存在一个最大的管长 $L_{max}$ 或最大折合管长 $X_{max}$ 与之对应，且其值分别由式（5-1-52）或式（5-1-57）决定。

对于给定的进口速度系数，设对应的最大管长为 $X_{max}$。若实际管长 $X>X_{max}$，即使出口背压再低，在出口处也无法排出以 $\lambda_1$ 数从进口处流入的流量，于是流动将发生壅塞。因为对于给定的 $\lambda_1$ 数，在 $X_{max}$ 处气流已达到声速值，流量已达最大值，在 $X_{max}$ 之后的管道内，由于摩擦作用，气流总压还要下降，这时流量值必然也要减小。因此，如果临界截面发生在管道中间某处，则临界截面下游允许通过的流量都要减小，有一部分气体要堆积在临界截面之前，这就是壅塞现象。而流量的堆积必使压力提高，给气流造成扰动。如图 5-1-14 所示，若进口气流的 $\lambda_1<1$，则此扰动将一直传到进口处，迫使气流在进口之前发生溢流，以减小进口速度，这样可使对应的最大管长 $X_{max}$ 加长，临界截面后移到管子的出口处，恰好使得 $X_{max}=X$。若进口气流的 $\lambda_1>1$，则由于壅塞引起的管内压力增高的扰动，会在超声速气流中产生一道激波。激波后为亚声速流动，而亚声速流动在同样长的管道中造成的总压损失要比超声速气流小得多，从而提高了出口气流总压，使原来进入管内的流量得以通过出口，在出口截面上气流达到临界状态。因此说，当管长超过最大管长不多时，只要管内产生激波，就能使得进口速度系数 $\lambda_1$ 和流量不改变而解决壅塞问题。

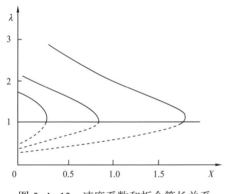

图 5-1-13　速度系数和折合管长关系

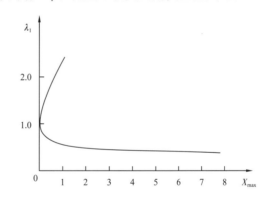

图 5-1-14　进口速度系数和最大折合管长关系

综上所述，对于某个给定的 $X$ 值，在亚声速流中，必存在一个最大的管道进口速度系数，如大于这个速度系数，流动就会壅塞。在超声速流中，则存在一个最小的管道进口速度系数，如小于这个速度系数，流动也会壅塞。

对于天然气井下节流工艺，节流器长度的设计可根据临界工况下的最大管长来确定，即可根据式（5-1-58）来计算：

$$L_{max} = X_{max}\frac{D(k+1)}{8k\overline{C}_f} = \left[\frac{1}{\lambda_1^2} - 1 - \ln\left(\frac{1}{\lambda_1^2}\right)\right]\frac{D(k+1)}{8k\overline{C}_f} \qquad （5-1-58）$$

## 六、油气水三相流动对井下节流的影响

气井一般都会产出一些液体，井中液体的来源有两种：一是地层中的游离水或烃类凝析液与气体一起渗流进入井筒，液体的存在会影响气井的流动特性；二是地层中含有水汽

的天然气流入井筒，由于热损失使温度沿井筒逐渐下降，出现凝析水。

图 5-1-15 描述了气井的积液过程。多数井在正常生产时的流型为环雾状流，液体以液滴的形式由气体携带到地面，气体呈连续相，而液体呈非连续相。当气相流速太低，不能提供足够的能量使井筒中的液体连续流出井口时，液体将与气流呈反方向流动并积存于井底，气井中将存在积液。

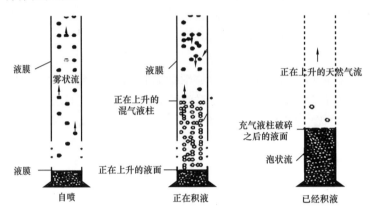

图 5-1-15　气井积液过程

含水天然气井在节流生产中，井筒内可能会出现环雾状流、过渡流和段塞流及泡状流等不同流态。由于节流效应，在节流气嘴下游产生的压力突降区会对周围流体的流动状态产生影响。节流作用下的各种流态描述如下（图 5-1-16）：

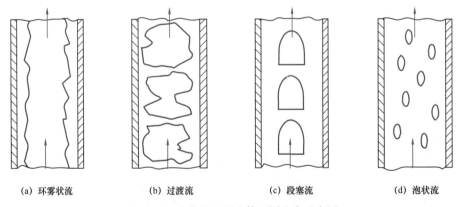

(a) 环雾状流　　　(b) 过渡流　　　(c) 段塞流　　　(d) 泡状流

图 5-1-16　节流过程流体不同流态示意图

（1）当流体流速较快且气液比较大，接近纯气相状态时为环雾状流。此时节流气嘴出口流速接近 1 马赫，气流以气柱形态向上流动，能把井内液体全部输送至井口而不会滑脱，且节流气嘴附近没有积液。井底液体一部分随气流在井筒中心上升，其余被挤压成液态薄膜贴在管壁上被气流携带到地面。

（2）过渡流是一种混合振荡式流态，该条件下气液两相流动工质的不同组分相互掺杂，液体过渡方式为连续相至分散相，气体则相反。

（3）随着气井压力降低，井筒内气体逐渐膨胀，许多体积较小的气泡融合成大气泡，节流气嘴上游为段塞流态，其具有良好的举升效果。该流态下流体像无数活塞一样不断地向井口流动，在流经节流气嘴时，依靠节流气孔的剪切作用及高速冲击下变成尺寸微小的液珠，节流气嘴出口为环雾状流态。此时节流气嘴上游有积液，而下游无积液，气井可稳定生产。

（4）当混合流体气液比较低时，天然气只能以小气泡的形式随液柱向井口缓慢上升的状态为泡状流态。气井在持续产出后，地层环境压力能损失较大，节流气孔对低流速的流体段塞不再发挥作用。节流气嘴出口为泡状流，下游压力梯度上升，节流前后压差接近于零，井下管柱中充满积液。泡状流态下的气体分散在积液中，而且多分布于管中心而不附着在管壁上，气泡比液体上升速度要快。

### 1. 气井临界携液速度与井深的关系

气井开始积液时，井筒内气体的最低流速称为气井携液临界流速，对应的流量称为气井携液临界流量。当井筒内气体实际流速小于临界流速时，气流就不能将井内液体全部排出井口，井筒将出现积液。积聚液柱的高度越大对井底造成回压越大，很容易造成气井产量下降，甚至停产。

根据 Tuner 模型，单个液滴在井筒中不会发生沉降的条件为气体对液滴的曳力等于液滴的沉降重力 $G$，直径为 $d$ 的液滴被气流携带的临界速度为：

$$v_t = \left[ \frac{4gd\left(\rho_L - \rho_g\right)}{3C_d\rho_g} \right]^{0.5} \qquad (5-1-59)$$

式中 $C_d$——曳力系数，通常取为 0.44。

根据气体携液的最小流速计算式（5-1-59），以苏 A 井为例，来计算临界携液流速与井深的关系。苏 A 井油管外径 73mm，节流器下深 1860m，气嘴直径 2.9mm，油压 3.9MPa，套压 16.5MPa，日产气 $2.2850 \times 10^4 \text{m}^3$，日产水 $1.43\text{m}^3$，日产油 $0.183\text{m}^3$。

从图 5-1-17 和图 5-1-18 中可以看出，未节流时，随着井深位置的加深，临界流速有所增大。投放节流器后，节流位置以前，临界流速和未节流情况相同；节流位置以后，由于压力和温度的降低，气体的密度降低，临界速度要增大。从这个意义上说，节流不利于气体携液，但是由于节流后气体流速增大很多，远大于临界携液流速，因此并不影响气体携液，相反有利于携液。

### 2. 节流气井积液规律分析

苏里格气田许多节流气井在节流器上段的井筒内出现了明显的积液现象，且上段井筒内的积液高度相当高，如图 5-1-19 所示。在节流器上段出现高积液液柱的现象，从常规认识来看是不可思议的。一般认为由于节流降压作用，使得节流气井在节流器下游的气体膨胀、气流速度增加，从而使节流器下游气体的携液能力增加，节流器下游的流体中不容易出现积液。以苏 B 井为例，其平均水气比为 $0.35\text{m}^3/10^4\text{m}^3$，井深 3300m，即使出现积液，关井后整个井筒的液滴回落所形成的积液量也不足 6m。

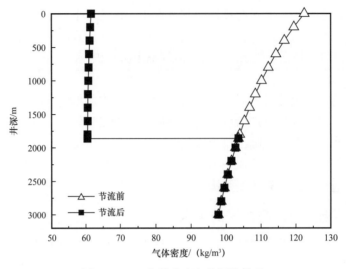

图 5-1-17　气体密度与井深的关系

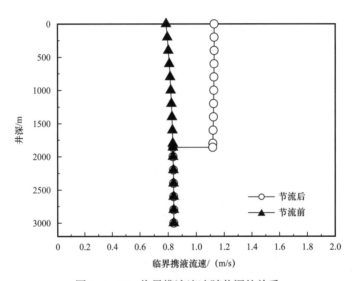

图 5-1-18　临界携液流速随井深的关系

　　通过对苏里格气田 46 口节流气井油管液面和环空液面测试数据统计分析，所选取的 46 口节流气井中，43 口气井节流器下段积液，21 口气井节流器出现了上段积液。所有节流器上段积液的气井，节流器下段都出现了积液现象，而节流器下段未出现积液的气井，节流器上段也未出现积液现象。同时所选的节流井中，93.47% 的井出现了积液、45.65% 的井在节流器上段出现了积液，占积液节流井的 48.84%。说明大部分节流井出现了积液，近 50% 的节流积液井在节流器上段也出现了大量积液。

　　为了找出导致节流气井上段积液的真正原因，根据现场实测数据，从节流器下游的流体相态变化、流体流态及流体携液特征等角度进行了深入分析。发现导致节流气井上段井筒存在积液液柱的因素主要有气液两相雾状流自身携液特征、节流器节流对流体产生的特殊作用及上段积液层对节流气体的淹没射流作用等方面。

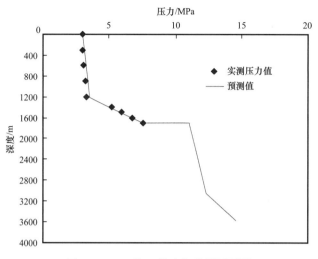

图 5-1-19　苏 C 节流气井测压预测

## 1）低速气流仍可以携带少量液体的携液特征

在进行气井的临界携液分析时，往往走进一个误区，认为当气流速度高于临界携液流速时气井可完全携液，而当气井流速低于临界携液流速时，气体就将完全无法携液，从而导致气井井筒产生积液且不产水。事实上，当流体速度低于连续临界携液速度时，并非气体完全不能携液，仍有部分小液滴可以被气流携带。图 5-1-20 为在管径为 62mm 的油管内，压力为 10MPa、温度为 300K 条件下，产水量为 1.5m³/d 时的气流携液分布。可以看出，气流中可稳定存在的最大液滴直径受气流紊动力的破碎作用，随气流速度的增加而减小。随速度增加，气流对液滴的曳力增加，气流可携带的最大液滴直径增加。当产气量大于临界携液气量时，气流中可稳定存在的最大液滴低于气流可携带的最大液滴直径，气流中所有的液滴均可被带走，不会产生滑落；当气流速度低于临界流速时，可稳定存在的液滴尺寸变大，低速气流无法带走所有的液滴，但是分布在气流可携带尺寸以下的小液滴仍可以被带走，从而实现部分携液。

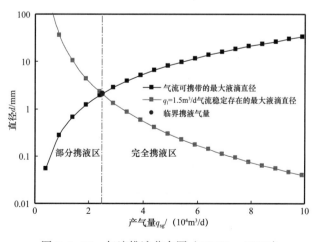

图 5-1-20　气流携液分布图（10MPa，300K）

根据连续气相中分散液滴的直径公式（5-1-60）可知，气流中可稳定存在的液滴尺寸不仅与气流速度有关，同时还与气流中的气液含量比例、气体密度及分散相和连续相间的界面特性等参数相关。一定压力、温度条件下，特定气流速度的气水两相雾状流中，液相含量越小，在气流紊动力的影响下，所形成的稳定液滴的直径越小，越易被气流携带。在低产积液气井混气液柱的上方，气流不能完全携带所有液体时，将自发地以一种液滴尺寸分布较小、携少量水的雾状流形式流出井筒，因此，积液气井井口仍具有一定的产水量，如图 5-1-21 所示。

$$d_{\mathrm{a}} = \frac{8\sigma v_{\mathrm{sl}}}{f_{\mathrm{sg}}\rho_{\mathrm{g}}v_{\mathrm{sg}}^{3}} \qquad (5\text{-}1\text{-}60)$$

其中：

$$\frac{1}{\sqrt{f_{\mathrm{sg}}}} = 1.14 - 2\lg\left(\frac{e}{D} + \frac{21.25}{Re^{0.9}}\right)$$

式中　$f_{\mathrm{sg}}$——气相表观速度下的摩阻系数；

　　　$e$——绝对粗糙度，建议取值 $1.6 \times 10^{-6}$ m；

　　　$Re$——雷诺数；

　　　$v_{\mathrm{sg}}$——气相表观流速，m/s；

　　　$\sigma$——表面张力，N/m；

　　　$v_{\mathrm{sl}}$——液相表观流速，m/s；

　　　$d_{\mathrm{a}}$——气相中分散液滴的直径，m；

　　　$\rho_{\mathrm{g}}$——气体密度，kg/m$^3$。

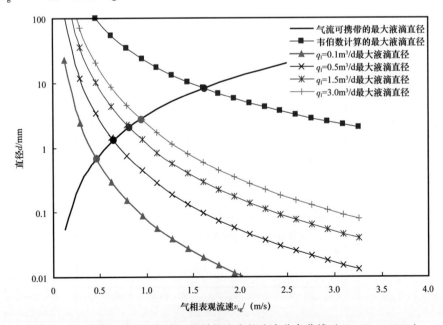

图 5-1-21　苏里格气田气液两相雾状流中的液滴分布曲线（10MPa，300K）

2）节流器下游的回流效应和掺混作用促使液滴回落

节流器下游的流体回流等效应是导致节流器下游出现积液的主要因素，结合对实际气井节流流场模拟结果进行具体分析。采用 Fluent 软件，以苏 A 节流井为例，进行了节流流场 CFD 模拟。该井油压 15.1MPa，套压 18.4MPa，产气量 $1.0212 \times 10^4 m^3/d$，产水量 $0.32m^3/d$，节流器下深 2000m，节流气嘴直径 2.5mm。模拟结果如图 5-1-22 至图 5-1-25 所示。

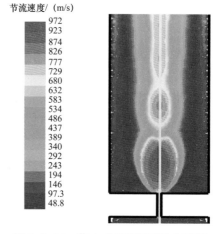

图 5-1-22　苏 A 井节流速度分布云图

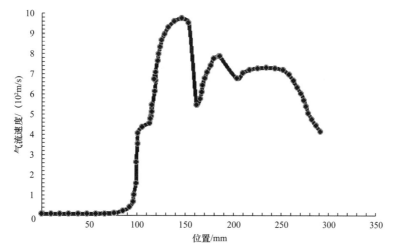

图 5-1-23　苏 A 井节流轴线速度分布曲线

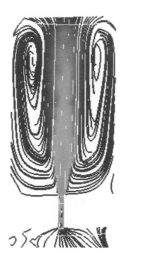

图 5-1-24　苏 A 井节流器下游流体流线分布图

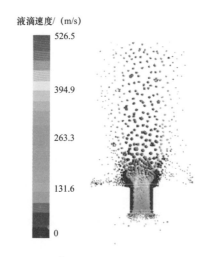

图 5-1-25　苏 A 井节流器下游液滴速度分布

由图 5-1-22 和图 5-1-23 节流流场模拟结果可以发现，虽然在节流下游的主流区，气体流速增加，携液能力增加，但是在主流区外侧气流速度非常低。节流气嘴出口下游处的两个大涡流区表明节流气嘴出口外面主流区外侧的气流速度很低。轴线附近的低速流体首先接受喷出的高速流体的动能，随高速流体向下游流动，由于流体的黏性作用，这部分带动的流体在沿轴向流动的同时，又要向与它接触的低速流体传递动能，动能以这种方式一层一层地向涡流中心传递，在逐级传递过程中，动能逐渐衰减，涡流区中心的流速最低。低速气体与喷射出来的高速气体相互影响，在能量传递的作用下做旋涡流动，在节流后主流区两旁产生了回流现象，导致主流区外侧的流体回落。

主流区外侧由于气流速度低，气流中的液滴直径较大，气体所能携带的液量随气流速度减小迅速衰减，由图 5-1-24 和图 5-1-25 可以发现，外侧分散液滴的速度明显降低，主流区外侧随气流速度降低的携液量明显降低。伴随高速气体的回流，流体中的大量液滴回落，沉积在节流器两侧的台阶上。同时，由于液体对管壁的润湿性，还有少量液体以膜的形式附着于管壁，在节流外侧的低速区沿管壁慢慢回落，滞留于节流器附近。

主流区外侧由于气流速度低，气流中的液滴直径较大，气体所能携带的液量随气流速度减小迅速衰减，由图 5-1-25 可以发现，外侧分散液滴的速度明显降低，主流区外侧随气流速度降低，其携液量明显降低。伴随高速气体的回流，流体中的大量液滴回落，沉积在节流器两侧的台阶上。同时，由于液体对管壁的润湿性，还有少量液体以膜的形式附着于管壁，在节流外侧的低速区沿管壁慢慢回落，滞留于节流器附近。

上述作用导致下游气流中的液体沉积在节流器附近并不断堆积。节流器内高速气流的冲击作用和节流阀的毛细管堵塞作用导致节流器上段积累的液体不可能轻易在重力作用下沿节流器返流至节流器下端。随生产进行，滞留于节流器下游台阶附近的液体不断聚集，随时间增加越积越多，从而在节流器上段形成积液，且积液高度不断增加。

3）节流器上段积液的淹没射流作用

随时间增加，当节流器上段形成一定高度的积液液柱时，将对节流器下游射入的高速气流产生非常强烈的阻碍作用，使得高速流体在不断的阻碍和交换作用下，动量逐渐消失在积液层内，气流被淹没，形成淹没射流，使得从节流器流入的高速气流中的大部分液体及在节流器下游析出的凝析水在井筒内滞留。

在积液重力及黏滞力的作用下，节流器下游气流的膨胀受到限制，从而使得节流器下游气流速度较原来没有积液的情况下明显降低，气流携液能力降低。更重要的是当携带了部分小液滴的高速气体冲入上段近乎静止的积液层内时，流动气体将部分动量传递给周围的积液，导致射流的速度逐渐降低，这种能量交换及气液间的掺混作用，最后导致射流气体的动量逐渐消失在空间流体中，气体也将淹没、分散在上段井筒积液液柱内。主体流体流态由节流器出口处的高速雾状流转变为低速的泡状流或段塞流。大部分液滴滞留于节流器下游的井筒积液混气液柱内，只有在混气液柱的上段井筒积液液面处，低速雾状流将带走更少量的液滴。液体的滞留使得上段积液越积越多，而同时积液液柱的升高又进一步促进了液体的滞留。随时间的推移使得节流器上段的积液现象更为明显。

综合分析节流气井的流动规律可以发现，对于节流器上段存在积液的节流井，整个井筒的携液过程为：地层中携带了液体的气流由近井储层流入井底，在井底积液层的阻力作用下气流中的部分液体滞留，使得井底积液量增加；在井底积液液面处气体以携带少量液体的低速雾状流形式流至节流器上游；而经过节流器下游，携带的部分液体在回流效应及积液层淹没射流作用下，又有部分液体在节流器上段沉积，从而使得节流器上段井筒积液液面升高；在上段井筒积液液面处，气流又以低速雾状流形式携带更少量的液体流至井口，从而形成了苏里格节流器上段积液井典型的"四段式"井深压力梯度曲线。相应地，整个井筒内的流态为：井底积液混气液柱的泡状流或段塞流、井底积液液面至节流器的携带少量液滴的低速雾状流、节流器上段井筒内的混气积液液柱内的泡状流或段塞流及上段积液液面以上的低速雾状流。

### 3. 对气嘴直径设计的影响

对于高气液比的情况，通常按照雾状流考虑流型，进行流动近似计算。但是在每万立方米气含水量很高的情况下，井筒里的流型会向环雾状流转变，使得流动变得更加复杂。但是当流体经过气嘴时，流速很高，壁面剪切力的作用会把液膜剪切成液滴，分散在气相中，仍为雾状，所以在有限的含水量下，仍可以按照雾状流考虑两相流。

凝析油折合到气相，修正后的总气量为：

$$q_T = q_{SG} + q_o q_{EG} \tag{5-1-61}$$

式中　$q_T$——修正后的总气量，$m^3/d$；
　　　$q_{SG}$——干气产量，$m^3/d$；
　　　$q_o$——凝析油产量，$m^3/d$；
　　　$q_{EG}$——凝析油的相当气相体积，$m^3/m^3$。

$$q_{EG} = 24.04 \frac{1000\gamma_o}{M_o} \tag{5-1-62}$$

$$M_o = \frac{44.29\gamma_o}{1.03 - \gamma_o} \tag{5-1-63}$$

式中　$\gamma_o$——凝析油的相对密度；
　　　$M_o$——凝析油的摩尔质量，kg/kmol。

复合气体的相对密度：

$$\gamma_w = \frac{R_g\gamma_g + 830\gamma_o}{R_g + 24040\gamma_o / M_o} \tag{5-1-64}$$

式中　$\gamma_w$——复合气体的相对密度；
　　　$R_g$——地面总生产的气油比，$m^3/m^3$；
　　　$\gamma_g$——干气的相对密度。

引入质量含水校正系数：

$$F_w = 1 + \frac{W_w}{W_g} \qquad (5-1-65)$$

式中  $W_w$——水的质量流量，kg/s；

$\quad\quad W_g$——气体的质量流量，kg/s。

对于雾状流，两相间无速度滑移，$W_g = W_w$，$q_w \ll q_g$，则截面含气率 $\phi$ 为：

$$\phi = \frac{A_g}{A_g + A_w} = \frac{A_g W_g}{A_g W_g + A_w W_w} = \frac{q_g}{q_g + q_w}$$

$$= \frac{q_g + q_w - q_w}{q_g + q_w} = 1 - \frac{q_w}{q_g + q_w} \approx 1 - \frac{q_w}{q_g} \qquad (5-1-66)$$

式中  $q_w$——水的体积流量，m³/s；

$\quad\quad q_g$——气体的体积流量，m³/s；

$\quad\quad \phi$——截面含气率。

由于 $q_w \ll q_g$，在求混合密度时可作近似 $1 - \dfrac{q_w}{q_g} \approx 1$，则混合物的密度：

$$\rho_m = \rho_g \phi + \rho_w (1 - \phi) = \rho_g \left(1 - \frac{q_w}{q_g}\right) + \rho_w \frac{q_w}{q_g}$$

$$\approx \rho_g \left(1 + \frac{\rho_w q_w}{\rho_g q_g}\right) = \rho_g \left(1 + \frac{W_w}{W_g}\right) = F_w \rho_g \qquad (5-1-67)$$

式中  $\rho_g$——气体密度，kg/m³；

$\quad\quad \rho_w$——水的密度，kg/m³。

混合物流经气嘴时，假设位能、摩阻能损失忽略，不对外做功，则气体稳定流动的能量方程就可以化简为：

$$\frac{dp}{\rho_m} + w dw = 0 \qquad (5-1-68)$$

式中  $w$——混合物的速度，m/s。

根据流经气嘴的多变过程：$pv^k = \text{const}$，对式（5-1-68）积分有：

$$\frac{w_2^2 - w_1^2}{2} = -\int_{p_1}^{p_2} v dp = \frac{k}{k-1} p_1 v_1 \left[1 - \left(\frac{p_2}{p_1}\right)^{\frac{k-1}{k}}\right] \qquad (5-1-69)$$

由于 $w_2^2 \gg w_1^2$，因此可近似认为：

$$w_2 = \sqrt{\frac{2k}{k-1} p_1 v_1 \left[ 1 - \left( \frac{p_2}{p_1} \right)^{\frac{k-1}{k}} \right]} \qquad (5-1-70)$$

把 $w_2$ 和 $v_2$ 代入质量连续性方程 $M = \dfrac{Aw}{v}$，有：

$$M = \frac{A \sqrt{\dfrac{2k}{k-1} p_1 v_1 \left[ 1 - \left( \dfrac{p_2}{p_1} \right)^{\frac{k-1}{k}} \right]}}{v_1 \left( \dfrac{p_1}{p_2} \right)^{\frac{1}{k}}} = \frac{A\sqrt{p_1}}{\sqrt{v_1}} \sqrt{\frac{2k}{k-1} \left[ \left( \frac{p_2}{p_1} \right)^{\frac{2}{k}} - \left( \frac{p_2}{p_1} \right)^{\frac{k+1}{k}} \right]} \qquad (5-1-71)$$

在地面标准工程状态条件下：

$$M = \frac{q_{sc}}{24 \times 3600} F_w \gamma_w \times 1.206 \qquad (5-1-72)$$

由式（5-1-71）和式（5-1-72）相等得：考虑到节流气嘴的流量系数，引用气田的实用单位，取 $C_d = 0.865$，则

$$q_{sc} = \frac{16879 d^2 p_1}{\gamma_w} \sqrt{\frac{M_g}{F_w Z T_1}} \sqrt{\frac{2k}{k-1} \left[ \left( \frac{p_2}{p_1} \right)^{\frac{2}{k}} - \left( \frac{p_2}{p_1} \right)^{\frac{k+1}{k}} \right]} \qquad (5-1-73)$$

$$d = \sqrt{\frac{q_{sc} \gamma_w}{16879 p_1 \sqrt{\dfrac{M_g}{F_w Z T_1}} \sqrt{\dfrac{2k}{k-1} \left[ \left( \dfrac{p_2}{p_1} \right)^{\frac{2}{k}} - \left( \dfrac{p_2}{p_1} \right)^{\frac{k+1}{k}} \right]}}} \qquad (5-1-74)$$

式中　$q_{sc}$——地面情况下流量，$m^3/d$；

　　　$d$——气嘴直径，mm；

　　　$p_1$——气嘴上游压力，MPa；

　　　$M_g$——复合气体摩尔质量，kg/kmol；

　　　$Z$——气嘴上游气体压缩因子；

　　　$k$——气体绝热指数，可取 1.299；

　　　$p_2$——气嘴节流后压力，MPa；

　　　$T_1$——气嘴上游温度，K。

以苏里格气田为例来计算不同产水量与气嘴直径的关系。根据气体组分，计算复合气体相对密度 $\gamma_w = 0.603$，摩尔质量 $M_g = 17.5$kg/kmol，$q_{EG} = 144.686 m^3/m^3$，$q_T = 10008.1 m^3/d$，

表 5-1-2 列出了温度 373K、上游压力 30MPa 时，根据每万立方米气不同产水量在临界流速的条件下计算所得的气嘴直径。由图 5-1-26 可知，每万立方米气产水量越高，节流气嘴直径就越大。

表 5-1-2 不同产水量对应的气嘴直径

| 产水量 /（$m^3/10^4m^3$） | 0 | 1 | 2 | 5 | 7 | 10 |
|---|---|---|---|---|---|---|
| 含水校正系数 $F_w$ | 1.0000 | 1.1374 | 1.2748 | 1.6870 | 1.9618 | 2.3740 |
| 气嘴直径 /mm | 1.60 | 1.70 | 1.71 | 1.83 | 1.90 | 2.00 |

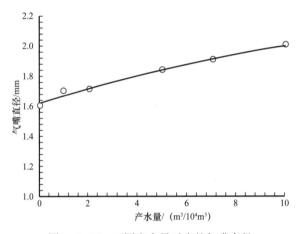

图 5-1-26 不同产水量对应的气嘴直径

## 七、节流参数设计软件研究

为方便快捷地求得不同配产、压力、温度等条件下的气嘴直径，绘出直观的曲线图（图 5-1-27），以便于分析压力变化对产量的影响，并可分析调整配产对进站压力的影响，并为井下节流参数优化设计及气井合理工作制度的确定提供方便，研究编制了井下节流参数优化设计软件，其主要界面如图 5-1-28 所示。

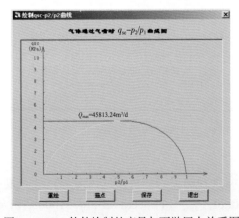

图 5-1-27 软件绘制的产量与下游压力关系图　　图 5-1-28 井下节流参数优化设计软件界面

此外，该软件还可单独计算出气体压缩系数、天然气黏度、天然气密度、气井最小携液流量、静止和流动状态下的井底压力等参数。

# 第二节 井下节流气井合理配产设计

针对在实际应用中，节流器投放后气嘴固定、不能随意调控产量的问题，着重从理论上对井下节流合理配产进行了研究。

## 一、井下节流后的气井配产

### 1. 节流气井生产特征

根据节流基础理论，气体通过节流器的流动分为亚临界流和临界流两种状态；区别这两种状态的主要依据就是出口压力和入口压力之比，苏里格气田气井开井初期压力较高，但地面直接使用中低压集气管线，因此节流前后压差比较大，节流气嘴处的流动为临界流状态。

根据临界流产量公式（5-1-73）可知，当气嘴直径 $d$ 一定时，$q_{max}$ 取决于 $p_1$。绘出井下节流后上游（入口）压力和产量关系示意图，如图 5-2-1 所示，计算结果见表 5-2-1。

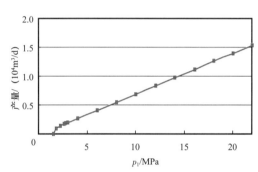

图 5-2-1 节流器上游压力与产量示意图

表 5-2-1 压力和产量关系计算结果

| 压力 /MPa | 22.00 | 20.00 | 18.00 | 16.00 | 14.00 | 12.00 | 10.00 | 8.00 |
|---|---|---|---|---|---|---|---|---|
| 产量 / ($10^4\text{m}^3$/d) | 1.53 | 1.40 | 1.26 | 1.12 | 0.98 | 0.84 | 0.69 | 0.55 |
| 压力 /MPa | 6.00 | 4.00 | 3.00 | 2.75 | 2.60 | 2.20 | 1.80 | 1.50 |
| 产量 / ($10^4\text{m}^3$/d) | 0.41 | 0.27 | 0.20 | 0.18 | 0.17 | 0.14 | 0.09 | 0.00 |

可以看出，仅就井下节流后的产量而言，在临界流状态下，它与入口压力呈线性关系，随着压力的下降而下降。实质上节流气嘴确定以后，实际产量随压力变化而随时改变。

严格来说，气井一旦投入生产即开始递减。气井开发实践表明，对任何类型的气井都可以维持一段产量稳定的生产时期，然后进入产量递减阶段。气井合理产量，就是对一口气井而言有相对较高的产量，在这个产量下有较长的稳定生产时间。对不同区域、不同位置、不同类型的气井，在不同的生产方式下，有不同合理产量的选择。

气井合理配产应遵循如下原则：（1）气藏保持较长时间稳产；（2）气藏压力均衡下降；（3）气井无水期长，这个阶段采气量高；（4）气藏最终采收率高；（5）投资少，经济效益好；（6）平稳供气，产能接替。

在此基础上，考虑到地质因素、地层水因素、气体流速、水合物生成以及凝析压力等因素确定气井合理工作制度，气井的基本工作制度有五种，见表5-2-2。

表5-2-2　气井工作制度及适用条件

| 序号 | 工作制度名称 | 适用条件 |
|---|---|---|
| 1 | 定产量制度 | 气藏开采初期时常用 |
| 2 | 定井底渗滤速度 | 疏松的砂岩地层、防止流速大于某值时地层出砂 |
| 3 | 定井壁压力梯度制度 | 气层岩石不紧密、易坍塌的气井 |
| 4 | 定井口（井底）压力制度 | 凝析气井、防止井底压力低于某值时油在地层中凝析出来；当输气压力一定时，要求一定的井口压力，以保证输入管网 |
| 5 | 定井底压差制度 | 气层岩石不紧密、易坍塌的气井；有边底水的井，防止生产压差过大引起水锥 |

研究表明，苏里格气田属于低压、低渗透、定容封闭、弹性气驱、致密砂岩常规气藏，无边底水。目前处于开采早期，采用定产量工作制度。常规来讲，当气井压力变化时，需要调整气井针阀开度来保证配产。但苏里格气田采用井下节流、井口不加热、不注醇、集气管线不保温的中低压集气模式。气井投产初期就投放井下节流器，给定配产以后，按照井下节流原理，需要在合适的位置投放一个气嘴直径确定的节流器以满足生产要求，井下节流气井生产曲线如图5-2-2所示。

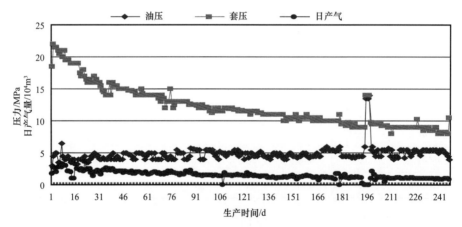

图5-2-2　苏里格气井生产特点

从图5-2-2中可以看出，井下节流以后，套压（入口压力）随着气井能量的衰减逐渐降低，根据前面描述的节流后的气井产量公式，气井产量随压力一同逐步降低，但根据苏里格气田集气流程的特点，还要求节流器长效、稳定、安全地工作，也就是说，井下节流后无法再及时调整针阀开度来保证产量，以致井下节流后的实际产量和地质配产之间出现偏差，随之带来井下节流后的工程配产和地质配产之间的匹配问题。因此，井下节流后如何配产？以什么时候的压力确定气嘴直径才能使实际产量更加接近于地质配产的问题亟须解决。

## 2. 气井配产

如图 5-2-3 所示，气井的合理产量，是指采用节点分析法，将在一定井口流压下的气井流入动态曲线与油管动态曲线相交点所对应的产量，最小井口流压下求得的合理产能称为气井最大合理产量。合理产能必须充分掌握气藏地下、地面有关测试资料，通过产能试井或系统节点分析来确定。气井生产过程中压力、产量随时间增长而递减，根据压力、产量随时间递减的情况重新确定一个合理的日产气量，称为配产。靖边气田 Scd 井生产曲线如图 5-2-4 所示。

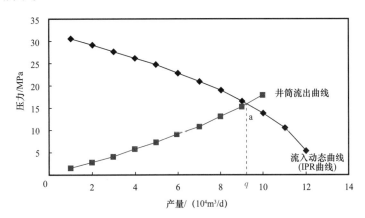

图 5-2-3 气井流出动态曲线和油管动态曲线

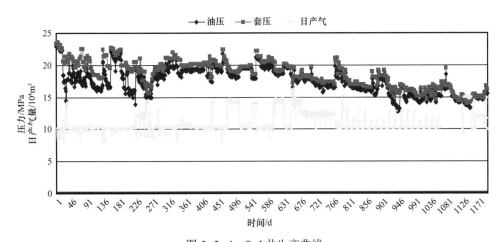

图 5-2-4 Scd 井生产曲线

Scd 井于 1998 年 6 月投产，配产 $10 \times 10^4 m^3/d$，平均产气 $10.43 \times 10^4 m^3/d$，气井生产以产量稳定为主要目标。压力下降，要相应地人为控制针阀开度，以保证产量。

## 二、配产时机确定

根据井下节流的理论和特点，井下节流后的实际产量随压力下降呈直线关系下降，而且气嘴相对固定，不能随意调控，针对苏里格气井投产初期压力下降快，在中、低压力期间有相对稳产期的特点，研究井下节流后气井以多大的压力或者什么时间的压力来确定气嘴直径，使气井在尽量长的时间内以地质配产（或接近地质配产）的产量生产。这是井下节流气井合理配产的研究目标，如图 5-2-5 所示。

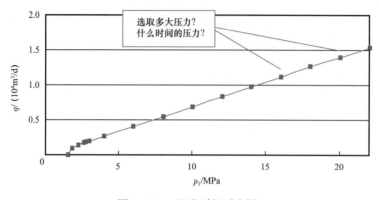

图 5-2-5　配产时机示意图

常规配产方法有采气指示曲线方法、模糊优化法、系统分析曲线法、数值模拟方法等，然而，由于这些方法都需要大量的参数，而现场并不是所有的都能提供，并且历史拟合需要对本区有着丰富的调整经验，而且，目前苏里格气田采用简易试气、快速投产技术，各种参数都较少，因此这些方法并不适用。

（1）气井压力在开井初期一个时期内快速下降，到一定范围后下降越来越慢，趋于某一定值。

苏里格气田规模化开发以来，已投产气井 600 口以上，除原来 28 口老井外，其余井最长生产时间已接近两年，对其中一些井的压力下降、产量等情况进行了跟踪分析，其中部分Ⅰ类井情况见表 5-2-3；Ⅱ类井情况见表 5-2-4；Ⅲ类井情况见表 5-2-5。

表 5-2-3　Ⅰ类井压降情况

| 井号 | 初始压力 /MPa | 压力拐点值 /MPa | 差值 /MPa | 所需时间 /d |
|---|---|---|---|---|
| 苏 a0-ci-ee | 23.50 | 19.00 | 4.50 | 20 |
| 苏 a0-cc-cd | 23.00 | 19.00 | 4.00 | 80 |
| 苏 a0-cc-d0 | 23.00 | 20.00 | 3.00 | 76 |
| 苏 a0-cc-db | 20.00 | 15.50 | 4.50 | 25 |
| 苏 a0-cc-bd | 23.00 | 19.00 | 4.00 | 27 |
| 苏 a0-cc-cb | 20.00 | 15.00 | 5.00 | 26 |
| 苏 a0-bh-cc | 22.00 | 18.00 | 4.00 | 38 |
| 苏 d0-a0 | 24.20 | 20.00 | 4.20 | 120 |
| 苏 cf-h-1g | 23.50 | 18.80 | 4.70 | 32 |
| 苏 cf-f-b0 | 23.00 | 18.00 | 5.00 | 36 |
| 平均 | 22.52 | 18.23 | 4.29 | 48 |

从表 5-2-3 中可以看出，Ⅰ类井投产后在不到两个月的时间里，压力平均下降接近 4.3MPa，速度很快。从表 5-2-3 中的拐点值开始，压力下降才慢慢平缓，从后续的跟踪研究来看，若压降速率从拐点处开始算，该类井的压降速率均在 0.03MPa/d 以下，能满足生产需求。

表 5-2-4 Ⅱ类井压降情况

| 井号 | 初始压力 /MPa | 压力拐点值 /MPa | 差值 /MPa | 所需时间 /d |
|---|---|---|---|---|
| 苏 a0-ci-cg | 22.0 | 19.0 | 3.0 | 26.0 |
| 苏 a0-cf-ce | 24.0 | 19.0 | 5.0 | 52.0 |
| 苏 a0-cc-cf | 20.0 | 15.0 | 5.0 | 21.0 |
| 苏 f-g-g | 24.8 | 19.5 | 5.3 | 58.0 |
| 苏 f-i-ag | 24.0 | 19.0 | 5.0 | 25.0 |
| 苏 f-ac-ab | 24.0 | 18.0 | 6.0 | 36.0 |
| 苏 ac-ae-cd | 24.2 | 18.5 | 5.7 | 38.0 |
| 苏 ac-ae-da | 24.5 | 19.0 | 5.5 | 43.0 |
| 苏 ac-af-d0 | 23.0 | 18.0 | 5.0 | 23.0 |
| 苏 ac-ag-d0 | 23.5 | 18.0 | 5.5 | 36.0 |
| 平均 | 23.4 | 18.3 | 5.1 | 35.8 |

从表 5-2-4 来看，该类井和Ⅰ类井情况类似，在投产后约一个月的时间里，压力平均下降接近 5.1MPa，压降幅度更大，时间更短。

表 5-2-5 Ⅲ类井压降情况

| 井号 | 初始压力 /MPa | 压力拐点值 /MPa | 差值 /MPa | 所需时间 /d |
|---|---|---|---|---|
| 苏 a0-cc-bd | 24.00 | 18.00 | 6.00 | 32.00 |
| 苏 a0-ec-da | 23.00 | 18.00 | 5.00 | 22.00 |
| 苏 a0-cc-b0 | 20.00 | 14.00 | 6.00 | 31.00 |
| 苏 ac-af-c0 | 24.00 | 19.00 | 5.00 | 30.00 |
| 苏 cf-i-ab | 23.00 | 17.50 | 5.50 | 25.00 |
| 苏 ac-ag-cg | 22.50 | 17.00 | 4.50 | 35.00 |
| 平均 | 22.75 | 17.25 | 5.33 | 29.17 |

Ⅲ类井投产后在不到一个月的时间里，压力平均下降接近 5.33MPa，压降幅度最大，速度最快。总体来看，该类井部分正常生产困难，以能够较长时间内稳定生产为准。

可以看出，绝大多数苏里格气田气井在开井生产后的一段时期，无论是哪类井，套压都有一个快速下降过程，然后缓慢下降并趋于某一个值。套压下降都有一个较为明显的拐点。

（2）气井压降速率初期较大，然后逐渐变小。

对几个区块不同类型井进行了分类分析，具体情况如下。

① 苏 ad 井区压降速率见图 5-2-6 和表 5-2-6。

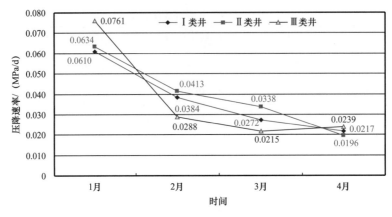

图 5-2-6　苏 ad 井区压降速率

表 5-2-6　苏 ad 井区压降速率

| 区块 | 时间 | 压降速率 /（MPa/d） | | |
| --- | --- | --- | --- | --- |
| | | Ⅰ类井 | Ⅱ类井 | Ⅲ类井 |
| 苏 ad 井区 | 1 月 | 0.0610 | 0.0634 | 0.0761 |
| | 2 月 | 0.0384 | 0.0413 | 0.0288 |
| | 3 月 | 0.0272 | 0.0338 | 0.0215 |
| | 4 月 | 0.0217 | 0.0196 | 0.0239 |

② 苏 a0 井区压降速率见图 5-2-7 和表 5-2-7。

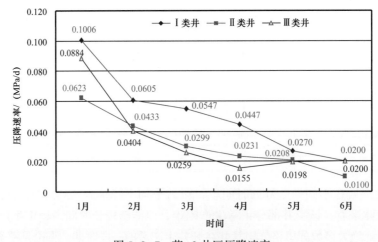

图 5-2-7　苏 a0 井区压降速率

表 5-2-7　苏 a0 井区压降速率表

| 区块 | 时间 | 压降速率 /（MPa/d） | | |
|---|---|---|---|---|
| | | Ⅰ类井 | Ⅱ类井 | Ⅲ类井 |
| 苏 a0 井区 | 1 月 | 0.1006 | 0.0623 | 0.0884 |
| | 2 月 | 0.0605 | 0.0433 | 0.0404 |
| | 3 月 | 0.0547 | 0.0299 | 0.0259 |
| | 4 月 | 0.0447 | 0.0231 | 0.0155 |
| | 5 月 | 0.0270 | 0.0208 | 0.0198 |
| | 6 月 | 0.0200 | 0.0100 | 0.0200 |

③ 桃 g 井区压降速率见图 5-2-8 和表 5-2-8。

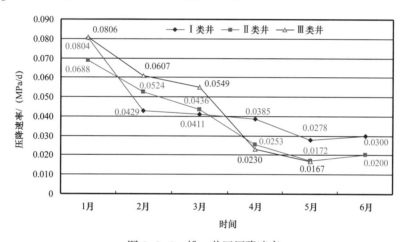

图 5-2-8　桃 g 井区压降速率

表 5-2-8　桃 g 井区压降速率

| 区块 | 时间 | 压降速率 /（MPa/d） | | |
|---|---|---|---|---|
| | | Ⅰ类井 | Ⅱ类井 | Ⅲ类井 |
| 桃 g 井区 | 1 月 | 0.0804 | 0.0688 | 0.0806 |
| | 2 月 | 0.0429 | 0.0524 | 0.0607 |
| | 3 月 | 0.0411 | 0.0436 | 0.0549 |
| | 4 月 | 0.0385 | 0.0253 | 0.0230 |
| | 5 月 | 0.0278 | 0.0172 | 0.0167 |
| | 6 月 | 0.0300 | 0.0200 | — |

　　从这几个区块的资料统计可以看出，各类井在投产初期压降速率都明显偏大，后期逐渐变小，图上表现为各类井的压降曲线初期都比较陡，斜率大，往后变得平缓，斜率变小，达到允许的数值。

　　据此，以拐点处压力为基准，结合节流工艺特点，以及气井地质分类、试气资料、测井资料、初期生产后的压力恢复速率等动态资料，以及稳产年限、压降速率、累计采出量等因素综合考虑，最终设计气嘴直径稍微偏小，初步确定气井配产方法。

　　Ⅰ类井：配产不宜过高，一般为（2.0～2.5）×$10^4$m³/d；设计压力应低于初始压力3～4MPa，或者按照开井以后40天左右时的压力配产。

　　Ⅱ类井：配产一般为1.5×$10^4$m³/d左右；设计压力应低于初始压力4～5MPa，或者按照开井以后30天左右时的压力配产。

　　Ⅲ类井：配产1.0×$10^4$m³/d以下，以气井能稳定生产为准。理论上说，设计压力应低于初始压力5～6MPa，或者按照开井以后20天左右时的压力配产。

# 第六章 井下节流配套技术

长庆苏里格气田应用井下节流技术后，地面流程采用中低压集气，为了保护中低压集气管线不超压、不冰堵，同时方便节流器投捞施工等作业，开展了相关的地面安全保护、施工配套设备橇装化、气井生产管理等配套技术研究。

## 第一节 气井井口安全配套技术

为了配合井下节流、地面中低压集气流程安全运行，以井口数据采集、无线传输技术平台为基础，开展了井口紧急截断装置研发，形成了远程开关井技术。其中，远控机械阀和远控电磁阀是该技术的核心。

### 一、远控机械阀技术

远控机械阀是依靠氮气或电动机来拖动截止阀或低扭矩球阀实现阀门快速开闭的机械式安全截断装置。当管线出现压力异常（超压或欠压）状态时，该阀门可迅速完成对管线中流体的紧急截断，并可实现远程控制关井及低压生产阶段远程控制开井[24]。

#### 1. 远控机械阀结构及工作原理

1）远控机械阀结构

YKJD 远控机械阀主要由阀瓣、弹簧、阀杆、切断气缸、复位气缸、提升气缸、传感器、推杆、平衡杆、平衡块、控制杆、齿轮、齿条等部件组成，如图 6-1-1 所示。

2）远控机械阀工作原理

（1）超压保护：

① 管线压力超过设定值时，传感器推杆向下运动；

② 平衡杆拨动平衡块旋转，释放控制杆，使齿条等构件失去支撑；

③ 阀体内的回座弹簧力推动阀瓣切断管线气流，起到超压保护作用。

（2）欠压保护：

① 管线压力低于设定值时，传感器推杆在弹簧作用下向上运动；

② 平衡杆拨动平衡块旋转，释放控制杆，使齿条等构件失去支撑；

③ 阀体内的回座弹簧力推动阀瓣切断管线气流，起到欠压保护作用。

（3）远控开关井：

① 集气站计算机发出开关井指令，无线传输到井口接收系统；

② 接收电路发送脉冲电信号给开关井装置，电磁阀工作控制氮气源；

③ 关闭时，切断气缸气路接通，活塞下行通过挺杆使平衡杆旋转，后续机构动作

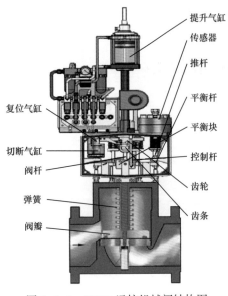

图 6-1-1　YKJD 远控机械阀结构图

（同超压保护），实现关闭；

④ 开启时，提升气缸接通，活塞上行提升阀杆实现开启。随后复位气缸工作，通过复位活塞杆带动提升跷板等动作，使控制杆嵌入平衡块挂钩内，控制阀杆处于开启状态。

## 2. 远控机械阀技术参数

远控机械阀主要技术参数取值如下：

最高工作压力：25MPa。

超压截断压力：3.0～6.0MPa，自行设定。

欠压截断压力：0.1～1.0MPa，自行设定。

远程开启压力：上游压力不大于 6MPa。

远程关井压力：在装置工作压力范围内，任意压力下可关闭。

供电电压：DC12V。

### 1）超压保护压力

远控机械阀超压和欠压保护压力主要根据集气流程特点确定。

当地面管线设计压力为 6.3MPa、站内系统设计压力为 4.0MPa 时，超压截断压力一般设定为 4.4MPa 左右。根据集气管线规格及长度、产气量大小、集气站外输方式等不同，各井井口回压可能有较大差异，需根据实际情况设定超压截断压力。

### 2）欠压保护压力

欠压保护主要是防止管线破损时天然气大量外泄，欠压保护压力应根据气井产量、管线规格等合理设定。

管线破损后，由于井下节流仍起作用，最大泄漏量只能达到井的产量。假设管线在 1km 处破裂造成天然气喷出，出口压力 0.1MPa，井口压力计算见表 6-1-1。

表 6-1-1　管线破损后不同产气量井口回压

| 产气量 /（$10^4 m^3$/d） | 井口至破损点管线长度 / km | 管线规格（外径 × 壁厚）/（mm × mm） | 井口回压 / MPa |
|---|---|---|---|
| 1 | 1 | $\phi 60 \times 3.5$ | 0.28 |
| 2 | 1 | $\phi 60 \times 3.5$ | 0.51 |
| 3 | 1 | $\phi 76 \times 3.5$ | 0.39 |
| 4 | 1 | $\phi 76 \times 3.5$ | 0.51 |

由表 6-1-1 可以看出，如果欠压保护压力设定为 0.3MPa，则只能对产气量 $1 \times 10^4 m^3$/d 的情况起到保护作用，而对后三种情况不能有效保护。实际上，高压生产阶段，进站压力一般在 1MPa 以上，井口油压也大于 1MPa，欠压保护压力可以设定得大一点，例如设定

为 0.6MPa，就可对以上四种情况起到保护作用。

3）远程开启压力

气井生产初期，关井后井口油压可达到 20MPa 左右，高压下直接开启远控机械阀，会导致管线超压。因此，高压生产阶段，必须人工通过井口针阀控制开井。远程控制自动开井时远控机械阀上游压力应在管线压力等级允许的范围内。

4）远程关井压力

远程关井压力从结构及工作原理上说，在装置工作压力（25MPa）范围内，可实现任意压力下关闭。但实际上高于超压截断压力时，机械保护功能会自动使其关闭，远程关井只在超压截断压力以下起作用。

### 3. 现场应用情况

截至 2011 年 12 月底，远控机械阀在苏里格气田累计应用 3000 余口井，其现场工况适应性良好，超欠压保护切实有效，可远程实现自动开关井，对井口安全生产提供了保障，降低了员工劳动强度，满足了现场生产管理实际需要，如图 6-1-2 所示。

图 6-1-2　远控机械阀现场应用

## 二、远控电磁阀技术

经积极攻关试验，创新性地提出了一种气井井口远控电磁阀，其体积小，结构新，可取代进口产品，并拥有自主知识产权。其利用井场太阳能直流供电，不依赖外来气源，由微弱电磁力控制卸压孔开闭，靠阀芯内外压差实现阀门开关，并可自锁实现状态自保持。通过配套研发的无线远程传输和控制系统，可实现超欠压自动保护和远程开关井，从而代替人工开关井方式，保证了安全生产，保护了生态环境，有效解决了气井生产管理难题。

### 1. 远控电磁阀工作原理

#### 1）设计要求

结合苏里格气田现场情况，确定气井井口远控电磁阀采用井口现有的 12V 太阳能直流电源供电。该阀需设计为机械式自保持型电磁阀，只需瞬间通电即可完成阀门开关动作，阀芯位置不需用电来保持，以避免长期带电给气井生产带来的安全隐患。根据苏里格气田井口现状，确定气井井口电磁阀设计要求为：（1）动作时间小于 1s；（2）耐高压 25MPa；（3）电磁阀功率 30W，每次供电 1～5s。

#### 2）远控电磁阀结构

气井井口远控电磁阀主要包括阀体、阀盖、主阀芯、压力弹簧和电磁头五部分，如图 6-1-3 所示。

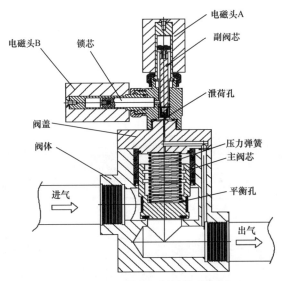

图 6-1-3　远控电磁阀结构示意图

#### 3）远控电磁阀工作原理

远控电磁阀通过控制阀盖上的泄荷孔开启及闭合，实现对电磁阀的先导式控制。

（1）开启阀门。

阀门开启的指令有两种来源方式：① 通过站控软件发布开阀指令；② 在井场通过手动电磁阀开关盒发布开阀指令。

如图 6-1-4 所示，阀门处于关闭状态时，阀腔与上游进气口连通，阀芯密封面与出气口紧密贴合，弹簧 2 处于压缩状态，泄荷孔关闭。收到开阀指令后，电磁阀动作如下：

① 收到控制指令后，电磁头 A 通电；

② 在电磁力的作用下，副阀芯被提起，弹簧 1 被压缩；

③ 锁芯在弹簧 2 的压力作用下伸出，其端部卡在副阀芯的环形槽内，将副阀芯锁住；

④ 泄荷孔被打开，阀芯腔和下游低压连通，压力泄掉，上游压力大于阀芯腔压力，

高压推动阀芯上的受力台阶使阀芯向上移动，从而打开阀；

⑤ 控制软件发出指令，使电磁头 1 断电。

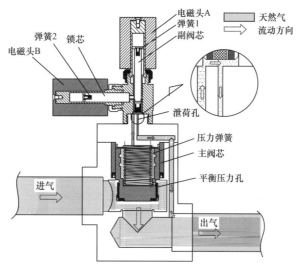

图 6-1-4　电磁阀开启示意图

（2）关闭阀门。

阀门关闭的指令有三种来源方式：① 通过站控软件发布关阀指令；② 在井场通过手动电磁阀开关盒发布关阀指令；③ 井口压力异常时超压和欠压保护系统自动发布关阀指令。

如图 6-1-5 所示，阀门处于开启状态时，进气口、阀腔和出气口三者连通，弹簧 1 处于压缩状态，泄荷孔打开。收到关阀指令后，电磁阀动作如下：

① 电磁头 B 通电；

② 在电磁力的作用下，电磁头 B 吸取锁芯，弹簧 2 被压缩；

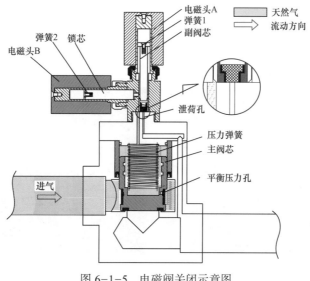

图 6-1-5　电磁阀关闭示意图

③ 副阀芯在弹簧1的压力作用下伸出，将泄荷孔堵住；

④ 上游压力通过平衡压力孔进入阀芯腔，阀芯在压力弹簧弹力作用下伸出关闭阀腔，上游压力越高，阀芯被压得越紧；

⑤ 控制软件发出指令，使电磁头B断电。

### 2. 远控电磁阀技术参数

远控电磁阀技术参数见表6-1-2。

表 6-1-2　气井井口远控电磁阀技术参数

| 型号 | SDCKCB-50/26 |
|---|---|
| 工作电压 /V | DC12 |
| 超压保护压力 /MPa | 3.5～6.0（用户自设） |
| 欠压保护压力 /MPa | 0.5～2.0（用户自设） |
| 工作压力 /MPa | ≤26 |
| 温度范围 /℃ | −40～50 |
| 长度 /mm | 355 |
| 出入口高差 /mm | 48 |
| 通径 /mm | DN50 |
| 连接法兰 | DN50-PN26 RJ GB/T 9115.4—2000 |

### 3. 现场应用情况

截至2011年12月底，远控电磁阀在苏里格气田推广应用763套，从应用情况来看，产品对现场工况适应性良好，超欠压保护功能切实有效，远程开关井控制灵活，能够满足现场生产管理实际需要（图6-1-6）。其结构设计具有以下优点：（1）设计巧妙，设备小，阀动作部件少，出问题环节少；（2）阀动作不需外来气源；（3）可在任意压力下打开；（4）结构简单紧凑，安装方便，成本低。

(a) 整体　　　　　　　　　　　　(b) 局部

图 6-1-6　远控电磁阀现场应用

通过现场应用，远控电磁阀大幅度地提高了气田管理水平，保证了气井安全生产。原先需要到气井井口完成的关井操作，目前在计算机前轻松实现，极大降低了一线工作人员劳动强度，为气田管理自动化提供了技术保证。

# 第二节 井下节流投捞配套技术

井下节流技术在苏里格气田推广应用后，井数多、工作量大，采用原来的测试车、吊车配合施工，成本较高，同时现有测试作业车辆不能满足需要。针对这种情况，提出了配备专门的井下节流器投捞作业车的思路。即把吊车、测试工具、钢丝等集成到一台车上，这样一方面便于施工，另一方面可以节约成本。

根据井下节流器投捞作业特点，提出两种方案，进行对比选择。

## 一、"一体化作业车"方案

钢丝绞车、吊装系统组装在一台车底盘上。吊装系统在车的尾部，实现防喷管及下井工具串等的吊装及悬挂。钢丝绞车安装在车的前部，采用发动机动力驱动，实现钢丝起、下作业。

吊装系统可考虑采用井架式（图6-2-1）或吊臂式（图6-2-2）。井架式作业车的特点是承载能力好，但灵活性差。吊臂式作业车比井架式作业车灵活性好，结构比较紧凑。缺点是后置的吊臂影响钢丝走向，设计时需特别考虑。

图6-2-1 井架式作业车　　　　　　　图6-2-2 吊臂式作业车

自吊装作业车采用合适的吊装系统，可以满足防喷管等井口设备和工具的吊装，需要考虑的是绞车位置对作业的适应性。

### 1. 安全性

按照《试井安全技术》，试井绞车应停在上风口，离井口20~30m为宜。因此，常见的钢丝作业、绞车均离井口有一定距离。

### 2. 可操作性

现场施工中，开始下放工具或工具在井口附近遇阻时，往往通过人工背钢丝进行活动。采用自吊装作业车后，这种操作只能靠绞车实现，对绞车及操作人员的灵敏性要求较高。同时，对工具起出时到达井口的判断也提出了较高的要求。

一体化作业车采用合适的吊装系统，可以满足防喷管等井口设备和工具的吊装，但绞车位置对钢丝作业有一定的局限性。

## 二、"随车起重运输车配橇装式绞车"方案

该方案中随车起重运输车和橇装式绞车是两个独立单元，分别购置。利用随车起重运输车的吊装系统将橇装式绞车吊放到车槽中，运到现场，施工时将绞车吊放到井场合适的位置，再将运输车开到井口进行防喷管等的吊装。

### 1. 随车起重运输车

采用江南东风专用特种汽车有限公司的东风 EQ153 随车吊系列产品。

东风 1141G7DJ2 型折臂随车吊（5t）外观如图 6-2-3 所示。主要性能参数：最大起升质量 5000kg；最大提升高度 11.4m；外形尺寸 8530mm×2470mm×3600mm。

图 6-2-3　东风 1141G7DJ2 型折臂随车吊（5t）

目前现场应用的起重运输车主要为 SQ6.3ZC2 随车起重机，现场施工如图 6-2-4 所示。

图 6-2-4　随车起重运输车配橇装式绞车现场作业

SQ6.3ZC2 起重运输车主要性能参数：最大起重力矩 12.6tf·m；最大起升质量 6300kg；液压系统最大流量 25L/min；液压系统额定压力 28MPa；油箱容积 130L；起重机自重 2300kg。

方案优选：随车起重运输车为成熟产品，国内有多家特车厂生产。推荐采用江南东风专用特种汽车有限公司的东风 1141G7DJ2 型折臂随车吊，可满足要求。

### 2. 橇装式钢丝绞车

该装置国内外均有成熟产品。国外荷兰 ASEP 公司的 K–WINCH 系列产品性能较好。长庆井下作业处进口了一台 K–WINCH BaseLine 型绞车（图 6-2-5），已进行了多口气井的堵塞器、井下节流器及柱塞投捞等作业。

(a) 正面　　　　　　　　　　　　　　　　(b) 侧面

图 6-2-5　K–WINCH BaseLine 型绞车的外观照片

主要特点：柴油机驱动，液压控制，单滚筒（2.7mm 钢丝），深度与张力显示，外形尺寸为 1300mm×1220mm×1390mm，自重 1.7t，参考价格 150 万元。

ASEP 带护罩绞车（K–WINCH SlimLine）外观照片如图 6-2-6 所示。

(a) 内部　　　　　　　　　　　　　　　　(b) 外部

图 6-2-6　K–WINCH SlimLine 型绞车的外观照片

该绞车采用人性化设计，防沙尘效果好，必要时顶部可安装空调。可配置连续记录系统，绘制深度—拉力—时间曲线，供分析施工过程或判断处理井下事故。

南阳华美石油设备有限公司生产多种型号的橇装电缆绞车，同时也生产试井车和橇装钢丝绞车。

橇装钢丝绞车主要特点：橇体全封闭两舱结构；采用康明斯 4BT 发动机作为动力源、美国 SAUER90L75 液压油泵、中意合资 INMI-350 液压马达；有过载保护；机械、电子测深；外形尺寸 2700mm×1710mm×1885mm；自重 2.5t；参考价格 35 万元（图 6-2-7 和图 6-2-8）。

图 6-2-7　C3500 两舱结构橇装绞车　　　　图 6-2-8　JXQ 橇装绞车

方案优选：橇装式钢丝绞车建议选用 ASEP 公司 K-WINCH SlimLine 型绞车。

目前现场应用的主要有南阳华美石油设备有限公司橇装钢丝绞车和奔驰 1929 型电缆试井车。长庆苏里格油田采气一厂和采气二厂各订购了两台荷兰 ASEP 公司生产的 K-WINCH SlimLine 型绞车。

根据井下节流器投捞作业特点及国内外钢丝作业设备技术状况，井下节流器投捞作业车采用随车起重运输车与橇装式钢丝绞车组配的"随车起重运输车配橇装式绞车"方案比较合适。

# 第三节　井下节流器打捞时机

长庆苏里格气田采用井下节流工艺生产的气井，由于产量低、压力下降快，生产到一定阶段会出现井筒积液等影响气井稳定生产的问题，目前气田常用的排出井筒积液的工艺都需要先打捞出井筒节流器，见表 6-3-1。然而，由于地面集输系统按照中低压建设，如果气井打捞节流器采用无节流器生产时，可能会出现地面系统超压等安全运行问题。因此，对于地面系统为中低压、气井采用井下节流工艺生产的气田，确定气井合理的井下节流器打捞时机，对于气井及时采取措施、维持稳定生产具有重要意义。

表 6-3-1　苏里格气田排水采气工艺措施适用条件

| 工艺措施 | 工艺适用气井类型及条件 | | 节流器影响 |
|---|---|---|---|
| | 类别 | 参数范围 | |
| 泡沫排水 | 连续生产井 | $>0.5 \times 10^4 m^3/d$ | 桥堵、破泡等作用，明显降低排水采气效果，需要打捞节流器 |
| 速度管柱 | 间歇生产井 | $(0.3 \sim 0.5) \times 10^4 m^3/d$，$p_t < 15MPa$ | 必须打捞节流器 |
| 柱塞气举 | 间歇生产井 | $(0.1 \sim 0.3) \times 10^4 m^3/d$，$p_t < 15MPa$ | 必须打捞节流器 |
| 气举复产 | 水淹停产井 | — | 必须打捞节流器 |

## 一、井下节流器打捞分析

根据打捞的 1208 口气井井下节流器情况统计分析，井下节流器生产时间越长，打捞成功率越低（表 6-3-2）。因此，为了提高井下节流器打捞成功率，越早打捞越好。但考虑到井下节流器打捞之后，不影响中低压集输的安全平稳运行。因此，打捞时机的确定还必须结合节流器打捞后，气井全开生产时地面管网不超压。

表 6-3-2　长庆气田井下节流器不同时机打捞成功率统计

| 打捞时间 /a | <1 | 1~1.5 | 1.5~2 | >2 |
|---|---|---|---|---|
| 打捞成功井数 / 口 | 185 | 75 | 85 | 344 |
| 打捞失败井数 / 口 | 80 | 42 | 49 | 348 |
| 打捞总井数 / 口 | 265 | 117 | 134 | 692 |
| 打捞成功率 /% | 70 | 64 | 63 | 50 |

## 二、井下节流器打捞时机确定方法

利用气井动、静态数据，评估气井实时产能变化，同时结合地面集输系统对气井压力和产量的限制来确定节流器最佳打捞时机，便于气井生产管理和操作人员及时对井筒积液采取措施，保障气井稳定生产。

### 1. 节流器打捞需要满足的条件

通过研究气井有无节流器对井筒及地面系统的影响，确定节流器打捞需要满足的条件为：（1）节流器打捞后，气井全开生产时地面管网不超压；（2）节流器打捞后，气井生产时井筒不会生成水合物。

### 2. 无节流器生产时地面系统超压判断

判断思路为：建立地面管网模型，如图 6-3-1 和图 6-3-2 所示。预测地面管线最大输送气量，即系统容许的气井最高生产气量；进一步预测系统容许的最大井底流压 $p_{wfr}$ 及地层提供的井底压力 $p_{wfd}$；当 $p_{wfd} > p_{wfr}$ 时，系统超压。

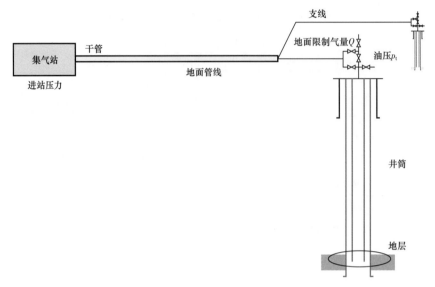

图 6-3-1　地面管网模型

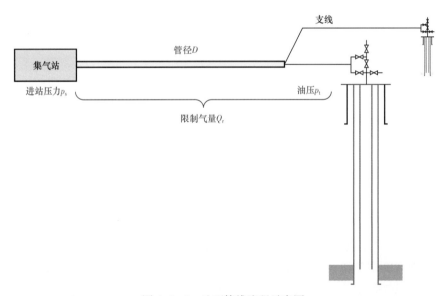

图 6-3-2　地面管线流程示意图

（1）利用研究气井所对应的地面管线参数（规格 $D \times$ 长度 $L$），最大允许井口生产压力 $p_{\text{tmax}}$ 和集气站进站压力 $p_{\text{s}}$，计算出地面管线允许通过的最大气量 $Q_{\text{r}}$。计算公式如下：

$$Q_{\text{r}} = C \sqrt{\frac{\left(p_{\text{tmax}}^{2} - p_{\text{s}}^{2}\right) D^{2}}{\lambda Z \rho T L}} \qquad (6\text{-}3\text{-}1)$$

式中　$C$——气体常数；

　　　$\lambda$——管道水力摩阻系数；

　　　$\rho$——天然气相对密度；

$T$——管道中天然气平均温度，K；

$Z$——天然气压缩因子。

长庆苏里格气田常用集气管线规格为 DN50mm、DN65mm、DN80mm、DN100mm 和 DN150mm，长度一般在 1000～10000m 之间，以此来计算在进站压力 2.5MPa、井口压力 4.0MPa 条件下，不同规格串接管线最大允许气量，见表 6-3-3。

表 6-3-3　长庆苏里格气田不同规格串接管线最大允许气量

| 管线长度 /m | 不同规格集输管线最大允许气量 /（$10^4 m^3/d$） | | | | |
|---|---|---|---|---|---|
| | DN50mm | DN65mm | DN80mm | DN100mm | DN150mm |
| 1000 | 7.35 | 14.64 | 24.07 | 45.15 | 128.55 |
| 2000 | 5.12 | 10.21 | 17.77 | 31.28 | 90.71 |
| 3000 | 4.15 | 8.28 | 14.44 | 25.94 | 74.71 |
| 4000 | 3.60 | 7.20 | 12.40 | 22.35 | 64.51 |
| 5000 | 3.22 | 6.42 | 11.11 | 19.97 | 57.73 |
| 6000 | 2.97 | 5.89 | 10.20 | 18.23 | 52.82 |
| 7000 | 2.80 | 5.57 | 9.59 | 17.02 | 49.13 |
| 8000 | 2.65 | 5.27 | 9.08 | 16.25 | 46.63 |
| 9000 | 2.51 | 5.01 | 8.61 | 15.47 | 44.44 |
| 10000 | 2.40 | 4.78 | 8.25 | 14.79 | 42.53 |

（2）将 $Q_r$ 作为气井的最大允许气量，在已知气井井深 $h$、油管内径 $d$、最大允许井口生产压力 $p_{tmax}$、井口温度 $T_u$ 等参数的条件下，利用多相垂直管流计算公式，计算出气井生产时最大允许井底流压 $p_{wfr}$。计算公式如下：

$$10^6 \times \frac{dp}{dH} = \rho_m g + \frac{f_m q_l M_t^2}{9.21 \times 10^9 \rho_m d^5} + \frac{\rho_m \left( \dfrac{u_m^2}{2} \right)}{\Delta H} \qquad (6-3-2)$$

式中　$dp$——垂直管压力增量，MPa；

$dH$——垂直管深度增量，m；

$f_m$——两相摩阻系数；

$d$——油管内径，m；

$M_t$——标况下，每生产 $1 m^3$ 气体伴生油气水的总量，$kg/m^3$；

$\rho_m$——气液混合物密度，$kg/m^3$；

$g$——重力加速度，$m/s^2$；

$q_l$——地面产液量，$m^3/d$；

$u_m$——气液混合物速度，m/s。

（3）利用气井产能方程，在已知气产量 $Q_r$、当前地层压力 $p_r$ 的条件下，计算出井底流压 $p_{wfd}$。计算公式如下：

$$p_{wfd} = \sqrt{p_r^2 - \left(aQ_r + bQ_r^2\right)} \qquad (6-3-3)$$

式中　$p_r$——地层压力，MPa；

　　　$Q_r$——地面约束条件下的气井最大产量，$10^4 m^3/d$；

　　　$a$——层流系数；

　　　$b$——紊流系数。

（4）对比 $p_{wfr}$ 和 $p_{wfd}$。当 $p_{wfd} \leqslant p_{wfr}$ 时，气井打捞节流器后开井生产，其配套地面系统不会发生超压。

### 3. 无节流器生产时井筒水合物生产判断

根据天然气组分和气井无节流器生产时井筒压力、温度分布，预测井筒水合物生产情况，当水合物生成温度低于井筒实际温度分布时，判定为井筒不会生成水合物。水合物形成温度计算公式如下。

$T \geqslant 273.15K$ 时：

$$\lg p = 2.0055 + 0.0541 \left(B + T - 273.15\right) \qquad (6-3-4)$$

$T < 273.15K$ 时：

$$\lg p = 2.0055 + 0.171 \left(B + T - 273.15\right) \qquad (6-3-5)$$

式中　$p$——压力，kPa；

　　　$T$——生成水合物的平衡温度，K；

　　　$B$，$B_1$——与天然气相对密度有关的系数（可查表获得）。

### 4. 节流器打捞判断

如图 6-3-3 所示，综合考虑步骤 2 和步骤 3 的结果，如果气井无节流器生产时，地面集输系统不发生超压、井筒无水合物生成，则判定该井可以打捞井下节流器，为气井能够及时采取其他措施生产奠定基础。

## 三、井下节流器打捞时机实例计算

以某采用"井下节流、地面中低压集输"模式整体开发的气田为例，通过利用某气井静态和动态生产数据判断其节流器能否打捞及其合理打捞时机。

气井基本情况：投产日期为 2006 年 11 月 21 日，原始地层压力 31MPa，气层中深 3550m，地温梯度 2.25 ℃ /100m，油管 $\phi$73.02mm（内径 $d$=62mm），节流器下深 1865m，节流气嘴直径 3mm，天然气相对密度 0.6，井口最大允许油压 4.0MPa，气水比 10000。该气井所在干线为 DN100mm×3.581km，支线总长 5.87km，井至集气站支线为 DN65mm×1.57km，进站压力 2.5MPa。

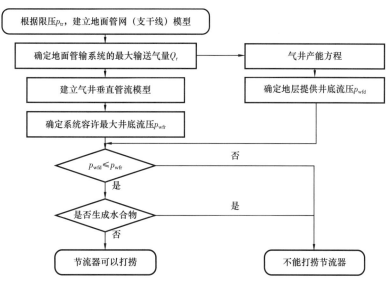

图 6–3–3 气井井下节流器打捞时机判断方法流程图

## 1. 系统超压判断

利用管网模拟和多相垂直管流模型，计算出地面系统约束条件下的气井允许的最大气量 $Q_r$ 为 $3.2371 \times 10^4 \text{m}^3/\text{d}$，井口最高油压 $p_t$ 为 4MPa，地面系统容许的最大井底流压 $p_{wfr}$ 为 7.16MPa（表 6–3–4）。

表 6–3–4 气井节流器打捞后井筒压力温度数据实例

| 井深 /m | 压力 /MPa | 温度 /℃ |
|---|---|---|
| 0 | 4.00 | 21.1 |
| 305 | 4.25 | 28.5 |
| 610 | 4.50 | 35.8 |
| 914 | 4.76 | 43.2 |
| 1219 | 5.02 | 50.5 |
| 1524 | 5.28 | 57.9 |
| 1829 | 5.55 | 65.2 |
| 2134 | 5.83 | 72.5 |
| 2438 | 6.11 | 79.8 |
| 2743 | 6.39 | 86.9 |
| 3048 | 6.68 | 93.5 |
| 3353 | 6.97 | 98.7 |
| 3550 | 7.16 | 100.0 |

根据气井不同生产阶段流入动态，结合气井产量 $Q_r$ 为 $3.2371 \times 10^4 \mathrm{m}^3/\mathrm{d}$，计算对应阶段地层供给的井底流压 $p_{\mathrm{wfd}}$；对比 $p_{\mathrm{wfr}}$ 和 $p_{\mathrm{wfd}}$ 确定该井在生产第三年打捞井下节流器，系统不会超压（图6-3-4和表6-3-5）。

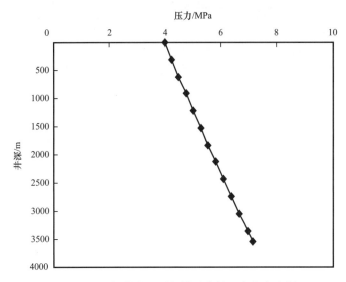

图 6-3-4　气井节流器打捞后井筒压力分布实例

表 6-3-5　气井不同生产阶段节流器打捞系统超压判断实例

| 投产时间 / a | 地层压力 / MPa | 无阻流量 / ($10^4\mathrm{m}^3$/d) | 气量 / ($10^4\mathrm{m}^3$/d) | 地层供给井底流压 / MPa | 地面管线超压判断 |
|---|---|---|---|---|---|
| 0 | 31 | 18.28910 | 3.2371 | 28.00 | 是 |
| 1 | 24 | 7.97826 | 3.2371 | 18.00 | 是 |
| 2 | 21 | 4.11842 | 3.2371 | 9.14 | 是 |
| 3 | 18 | 3.27620 | 3.2371 | <7.16 | 否 |
| 4 | 15 | 1.94526 | < 3.2371 | <7.16 | 否 |

## 2. 井筒水合物生成预测

气井无节流器生产时，井筒最容易生成水合物的井段为井口部位，利用式（6-3-5）计算出井口压力4MPa时，水合物生成温度为10℃，井口生产温度为20℃。因此，判定该气井生产第3年打捞节流器井筒不会生成水合物（表6-3-6和表6-3-7）。

## 3. 节流器打捞时机判断方法验证

长庆苏里格气田84口节流器打捞试验井统计，打捞前平均套压为9.5MPa，最大套压为18.4MPa。节流器打捞后气井能够顺利开井（表6-3-8）。

表 6-3-6 冬季水合物预测（井口温度 4℃，压力 1.5MPa）

| 井深 /m | 井筒压力 /MPa | 水合物生成温度 /℃ | 井筒温度 /℃ | 水合物生成判断 |
|---|---|---|---|---|
| 0 | 1.50 | 3.3 | 5 | 否 |
| 305 | 1.65 | 4.0 | 14 | 否 |
| 610 | 1.82 | 5.0 | 22 | 否 |
| 914 | 1.97 | 6.0 | 30 | 否 |
| 1219 | 2.11 | 7.0 | 38 | 否 |
| 2134 | 2.56 | 8.0 | 64 | 否 |
| 3048 | 3.01 | 9.0 | 83 | 否 |
| 3500 | 3.23 | 10.0 | 99 | 否 |

表 6-3-7 夏季水合物预测（井口温度 20℃，压力 4MPa）

| 井深 /m | 井筒压力 /MPa | 水合物生成温度 /℃ | 井筒温度 /℃ | 水合物生成判断 |
|---|---|---|---|---|
| 0 | 4.00 | 11.0 | 21 | 否 |
| 305 | 4.32 | 11.5 | 28 | 否 |
| 610 | 4.50 | 12.0 | 35 | 否 |
| 914 | 4.76 | 12.5 | 42 | 否 |
| 1219 | 5.08 | 13.0 | 49 | 否 |
| 2134 | 5.83 | 14.5 | 69 | 否 |
| 3048 | 6.68 | 15.5 | 84 | 否 |
| 3500 | 7.16 | 15.8 | 100 | 否 |

表 6-3-8 84 口节流器打捞井压力数据统计

| 序号 | 井号 | 节流器打捞前 | | | 打捞时机判断 |
|---|---|---|---|---|---|
| | | 油压 /MPa | 套压 /MPa | 产气量 / ( $10^4$ m³/d) | |
| 1 | 苏 ch-ad | 1.2 | 5.8 | 0.3436 | 可打捞 |
| 2 | 苏 be-a-f | 0.8 | 5.1 | 0.2138 | 可打捞 |
| 3 | 苏 be-f-g | 1.3 | 5.4 | 0.1542 | 可打捞 |
| 4 | 苏 dh-ah-gf | 2.8 | 9.8 | 0.8157 | 可打捞 |
| 5 | 苏 dh-b0-hd | 2.8 | 9.4 | 0.4981 | 可打捞 |
| ... | ... | ... | ... | ... | ...... |

续表

| 序号 | 井号 | 节流器打捞前 | | | 打捞时机判断 |
|---|---|---|---|---|---|
| | | 油压 /MPa | 套压 /MPa | 产气量 / ($10^4\text{m}^3$/d) | |
| 80 | 苏 b0–b0–ag | 1.3 | 10.9 | 0.8693 | 可打捞 |
| 81 | 桃 g–af–ad | 2.3 | 10.4 | 0.4149 | 可打捞 |
| 82 | 苏 dg–i–eiHb | 1.1 | 6.6 | 0.5086 | 可打捞 |
| 83 | 苏 dg–a0–ehHa | 2.4 | 8.0 | 0.7426 | 可打捞 |
| 84 | 苏 ab0–di–hdH | 1.3 | 6.9 | 0.5884 | 可打捞 |
| 平均值 | | 2.3 | 9.5 | 0.5708 | — |
| 最大值 | | 3.5 | 18.4 | 1.3091 | — |

## 四、苏里格气田节流器可打捞时机整体分析

对苏里格Ⅰ类、Ⅱ类及Ⅲ类直井进行节流器打捞时机整体分析。

### 1. 地面管线对气井产量限制分析

苏里格气田一般气井集输管线最大输送气量为 $3.6035 \times 10^4\text{m}^3$/d，对应系统容许井底流压 $p_{\text{wfr}}$ 为 6.87MPa（图 6–3–5 和表 6–3–9）。

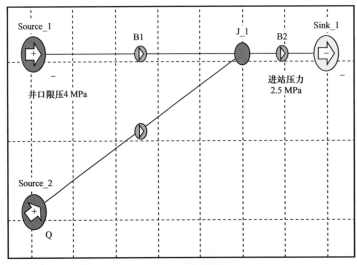

图 6–3–5　地面管线模型示意图

### 2. 各类井不同阶段井底压力测算及超压判断

以苏里格气田中区各类直井历年生产指标统计为依据，其数据如图 6–3–6 至图 6–3–8 所示。

表 6-3-9　不同规格管线最大允许气量随管线长度变化（进站压力 2.5MPa，井口压力 4.0MPa）

| 管线长度 /m | 不同规格集输管线最大允许气量 /（$10^4 m^3$/d） | | | | |
|---|---|---|---|---|---|
| | DN50mm | DN65mm | DN80mm | DN100mm | DN150mm |
| 1000 | 7.35 | 14.64 | 24.07 | 45.15 | 128.55 |
| 2000 | 5.12 | 10.21 | 17.77 | 31.28 | 90.71 |
| 3000 | 4.15 | 8.28 | 14.44 | 25.94 | 74.71 |
| 4000 | 3.60 | 7.20 | 12.40 | 22.35 | 64.51 |
| 5000 | 3.22 | 6.42 | 11.11 | 19.97 | 57.73 |
| 6000 | 2.97 | 5.89 | 10.20 | 18.23 | 52.82 |
| 7000 | 2.80 | 5.57 | 9.59 | 17.02 | 49.13 |
| 8000 | 2.65 | 5.27 | 9.08 | 16.25 | 46.63 |
| 9000 | 2.51 | 5.01 | 8.61 | 15.47 | 44.44 |
| 10000 | 2.40 | 4.78 | 8.25 | 14.79 | 42.53 |

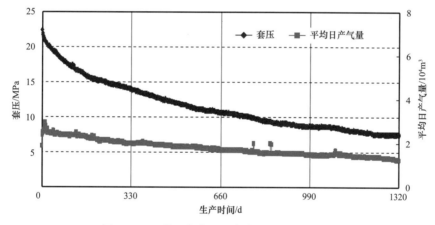

图 6-3-6　苏里格中区 Ⅰ 类直井生产动态曲线

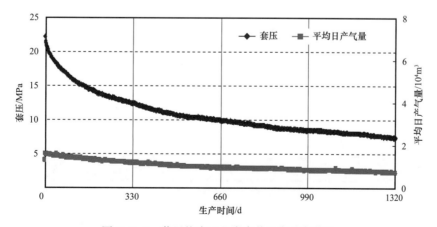

图 6-3-7　苏里格中区 Ⅱ 类直井生产动态曲线

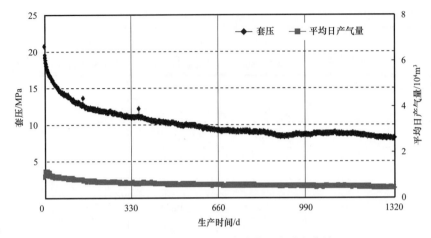

图 6-3-8　苏里格中区Ⅲ类直井生产动态曲线

结合产能方程，确定苏里格Ⅰ类、Ⅱ类及Ⅲ类直井不同时期地层流入动态，与地面系统限压下的井底流动条件进行对比。

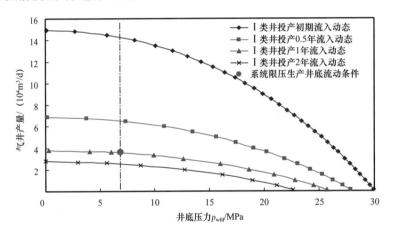

图 6-3-9　苏里格中区Ⅰ类直井地层流入动态

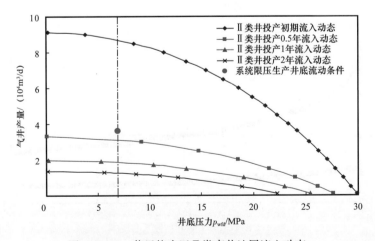

图 6-3-10　苏里格中区Ⅱ类直井地层流入动态

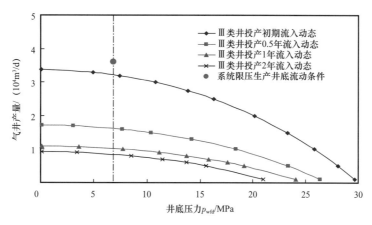

图 6-3-11　苏里格中区Ⅲ类直井地层流入动态

### 3. 各类井节流器可打捞时机

根据上述分析，苏里格Ⅰ类直井投产一年、Ⅱ类井投产半年、Ⅲ类井投产初期，采用无节流器生产，地面系统不会超压，具体数据见表 6-3-10。

表 6-3-10　苏里格直井不同生产阶段节流器打捞后系统超压判断

| 气井分类 | 投产年限 / a | 地层压力 / MPa | 无阻流量 / （$10^4 m^3/d$） | 产气量 / （$10^4 m^3/d$） | 井底流压 / MPa | 折算套压 / MPa | 地面管线超压判断 |
|---|---|---|---|---|---|---|---|
| Ⅰ类 | 0 | 30 | 14.96 | 3.6035 | 26.69 | 21.5 | 是 |
| | 0.5 | 28 | 6.91 | 3.6035 | 17.14 | 15.0 | 是 |
| | 1.0 | 26 | 3.78 | 3.6035 | <6.87 | <14.0 | 否 |
| | 2.0 | 23 | 2.74 | <3.6035 | <6.87 | — | 否 |
| Ⅱ类 | 0 | 30 | 9.13 | 3.6035 | 23.35 | 20.5 | 是 |
| | 0.5 | 28 | 3.31 | <3.6035 | <6.87 | <16.0 | 否 |
| Ⅲ类 | 0 | 30 | 3.38 | <3.6035 | <6.87 | — | 否 |
| | 0.5 | 27 | 1.72 | <3.6035 | <6.87 | — | 否 |

注：（1）苏里格一般气井集输管线最大输送气量为 $3.6035×10^4 m^3/d$，对应系统容许井底流压 $p_{wfr}$ 为 6.87MPa；（2）气层中深 3500m，油管规格 $\phi$73.02mm，井底温度 100℃，井口温度 20℃，天然气相对密度 0.6。

因此，根据井下节流器不同时机打捞成功率和节流器打捞之后仍能保障气井安全生产，确定井下节流器合理打捞时机为 1.5～2 年。但部分产能好、压力高的气井在节流器打捞时，需要进行具体的打捞时机判断。

## 第四节　特殊气井节流器打捞处理工艺

随着井下节流气井生产，单井产量逐渐降低，需打捞节流器进行调产及其他作业。因部分气井积液、井况复杂、节流器结构等造成打捞困难，在配套打捞工具系列化研究的基础上，形成了不同井况的打捞技术对策。

## 一、常规卡瓦式节流器上积液不大于 300m 的气井

（1）钢丝作业盲锤下击解卡。

（2）解卡后利用常规打捞工具进行打捞。

（3）对常规打捞困难井，投放压缩式工具进行打捞。

① 必须先解卡，然后钢丝作业投放压缩式新工具。

② 气举打捞工具投放到节流器位置抓住节流器后上提，如果能够上行，按常规打捞进行打捞；如果遇卡无法上行，向上震击剪断新工具销钉。

③ 工具串起到防喷管，井口安装捕捉器、防喷器和缓冲装置。

④ 缓慢开针阀促使节流器上行，一段时间后连接常规打捞工具抓取气举打捞工具，如果节流器已经上行，则常规打捞上提一段距离剪断打捞工具销钉，工具串入防喷管，继续开针阀及打捞，直至成功。

⑤ 如果开井过程中节流器遇阻未上行，则钢丝作业震击使节流器通过卡点，剪断打捞工具销钉后，起出工具串继续开井促使节流器上行，直至打捞成功。

## 二、常规卡瓦式节流器上积液不小于 300m 且有一定产量的气井

（1）首先解卡，尝试利用压缩式打捞新工具打捞。

① 如果辅助开井节流器上行则可成功打捞。

② 节流器未上行，则常规打捞工具抓取新工具上击通过卡点，继续辅助开井促使节流器上行。

③ 如果节流器仍无法上行，节流器上加泡排棒排液后进行打捞。

④ 排液效果不理想，考虑其他辅助措施打捞。

（2）液氮车或压缩机油套环空注气辅助打捞。

① 解卡投放工具后，井口安装好捕捉器、防喷器和缓冲装置。

② 利用油管进行生产，使油管压力降为系统压力，并维持生产状态。

③ 液氮车或压缩机油套环空注气（丛式井可利用邻井高压气），在环空压力的辅助下生产，促使解卡节流器在油管内上行。

④ 注意观察气井产液，气井开始产液表明节流器上行或接近井口。

⑤ 通过产液情况和声音，判断节流器到达井口关井，利用常规打捞工具抓取节流器，完成打捞。

（3）连续油管打捞。

① 解卡投放气举打捞工具。

② 利用连续油管连接专用打捞工具进行打捞，由于气举打捞工具可促使卡瓦收回，连续油管下放后不会造成卡瓦二次坐封，故连续油管下放到工具位置后再下放 10～50m 上提观察悬重，若变化不明显可继续下放一段距离再上提。

③ 抓取节流器后上提连续油管，捞起节流器。

### 三、常规卡瓦式节流器上积液不小于 300m 无产量气井

（1）液氮车或压缩机油套环空注气辅助打捞。

① 解卡投放气举打捞工具后，井口安装好捕捉器、防喷器和缓冲装置。

② 利用油管进行生产，使油管压力降为系统压力，并维持生产状态。

③ 液氮车或压缩机油套环空注气（丛式井可利用邻井高压气），在环空压力的辅助下生产，促使解卡节流器在油管内上行。

④ 注意观察气井产液，气井开始产液表明节流器上行或接近井口。

⑤ 通过产液情况和声音，判断节流器到达井口关井，利用常规打捞工具抓取节流器，完成打捞。

（2）连续油管打捞。

① 解卡投放气举打捞工具。

② 利用连续油管连接专用打捞工具进行打捞，由于新工具可促使卡瓦收回，连续油管下放后不会造成卡瓦二次坐封，故连续油管下放到工具位置后再下放 10～50m 上提观察悬重，若变化不明显可继续下放一段距离再上提。

③ 抓取节流器后上提连续油管，捞起节流器。

### 四、非常规卡瓦式节流器上方积液气井

对于可打掉气嘴的卡瓦式节流器，先打掉气嘴形成泄液通道，待节流器上方液体都回落井底后，然后再采用常规卡瓦式节流器打捞方法进行打捞。

### 五、卡瓦式节流器出砂气井

用爪式打捞工具对接卡瓦式节流器打捞头，若对接成功，则采用常规气井打捞方法进行打捞；若对接失败，先采用连续油管冲砂，然后再采用常规气井打捞方法进行打捞，如图 6-4-1 所示。

图 6-4-1 现场连续油管 + 氮气冲砂施工照片

### 六、疑难井节流器打捞

疑难井就是卡瓦式节流器抓取后上提不动或因节流器打捞颈断裂、砂埋、落物等原因无法抓取，且经过反复多次常规打捞作业仍未打捞成功的井。

#### 1. 卡瓦式节流器不完整打捞

卡瓦式节流器不完整主要指打捞颈磨圆、打捞颈断、节流器解体等情况，其主要原因有：材质问题；结构工艺设计不合理；打捞颈抗拉强度低；容易脱落；常年井下生产受腐蚀；打捞过程中频繁震击，节流器连接部件发生断裂解体。针对这种情况，采用内捞式打捞工具进行打捞[25]。

##### 1）结构

内捞式打捞工具结构如图 6-4-2 所示，主要由上固定接头、外筒体、卡瓦座、活动锁舌、复位弹簧、环形锁块、卡瓦、定位环等结构组成。

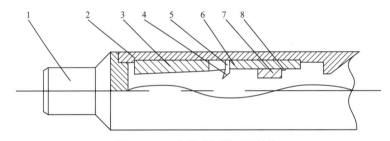

图 6-4-2　内捞式打捞工具结构
1—上固定接头；2—外筒体；3—卡瓦座；4—活动锁舌；5—复位弹簧；6—环形锁块；7—卡瓦；8—定位环

##### 2）工作原理

先用（环形）强磁吸附节流器上方遗留金属物体或鳄鱼夹打捞。在碎片清理完毕后，下入铅印，判断井下节流器打捞颈尺寸。根据打捞颈尺寸下入相应尺寸卡瓦的打捞筒。当打捞筒下至中心杆时，放慢下放速度，便于中心杆进入打捞筒，中心杆进入外筒体后，顶开活动锁舌，推动活动锁舌绕销钉转动，当中心杆通过活动锁舌后，活动锁舌在复位弹簧的作用下自动复位，卡住中心杆，带动卡瓦座沿外筒体上的卡瓦座燕尾槽向下滑动，随之带动卡瓦沿卡瓦锥面上行，同时在上提的负荷下，卡瓦产生径向夹紧力，通过设置在卡瓦上的齿牙，咬住节流器中心杆，从而实现井下节流器打捞。

#### 2. 上提下砸不动打捞

卡瓦式节流器上提下砸不动的主要原因有：卡瓦脱落上窜，造成节流器本体硬卡；胶筒老化与油管壁粘连；防砂罩损坏或油管管壁不清洁，节流器砂埋。针对这种情况采用强磁节流器打捞器进行打捞。

##### 1）材料选择

目前铁磁材料种类繁多，为了满足井下高温高压环境作业需求，且获得更好的打捞效果，要求所使用的永磁体能够产生尽可能大的磁能量，且具有较好的耐高温性能和磁能稳定性。常用永磁材料主要包括钕铁硼磁铁、铁氧体磁铁、铝镍钴磁铁等，综合分析各种铁磁性材料，其性能见表 6-4-1。

表 6-4-1　各种永磁材料对比

| 名称 | 磁性 | 耐温 /℃ | 硬度 |
|---|---|---|---|
| 钕铁硼磁铁 | 强 | ≤200 | 高 |
| 铁氧体磁铁 | 较强 | −40～200 | 较高 |
| 铝镍钴磁铁 | 较强 | ≥600 | 一般 |
| 钐钴磁铁 | 强 | ≤350 | 高 |

钕铁硼磁铁：磁性能极高，最大磁能积高过铁氧体磁铁 10 倍以上；工作温度最高可达 200℃；质地坚硬，性能稳定，具有良好的机械加工性能，性价比较高。但其化学活性很强，必须对其表面进行涂层处理。

铁氧体磁铁：质地较硬，属脆性材料，耐温性较好，性能适中，已成为应用最为广泛的永磁体。

铝镍钴磁铁：经铸造工艺可以加工生产成不同的尺寸和形状，可加工性较好。有最低可逆温度系数，工作温度可高达 600℃以上。

钐钴磁铁：材料价格昂贵，具有较高的磁能积、可靠的矫顽力和良好的温度特性。工作最高温度达 350℃，在 180℃以上时，其最大磁能积及温度稳定性和化学稳定性超过钕铁硼磁铁。

综合考虑磁性、温度性能、性价比等因素，选用钕铁硼磁铁作为强磁打捞器的磁铁材料。

2）结构

目前国内具有类似功能产品的打捞器均为平面单磁铁结构，吸附效率较低，且磁铁多设置在打捞器轴向末端。环形强磁节流器打捞工具在此基础上加以改进，其设计思路是专门打捞节流器打捞颈（中心杆）和油管环形缝隙里亲磁类金属落物，主要打捞断散节流器脱落的卡瓦。其结构如图 6-4-3 所示，主要由上固定接头、扶正器、环形磁铁、下固定接头及可调顶杆等结构组成。

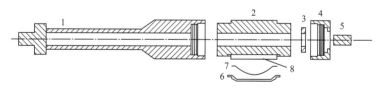

图 6-4-3　环形强磁节流器打捞工具结构

1—上固定接头；2—扶正器；3—环形磁铁；4—下固定接头；5—可调顶杆；6—扶正块；7—弹簧；8—凹槽

3）工作原理

抓取节流器之前，打捞节流器打捞颈（中心杆）和油管环形缝隙里亲磁类金属落物

（卡瓦等），为下一步成功打捞节流器清除障碍。环形强磁节流器打捞工具通过扶正机构实现打捞工具顺利通过采气树、井口四通、油管，居中下行，节流器打捞颈（中心杆）准确导入中孔，克服吸附阻挡，环形强磁深入缝隙，可调顶杆轻砸节流器中心杆，借助油管接箍台阶对卡瓦的挂带作用，使卡瓦和中心杆产生相对移动，吸附缝隙里散落的亲磁类金属（卡瓦等）。

4）现场应用

苏××3井于2017年7月9日投产，气井配产$2.5 \times 10^4 \text{m}^3/\text{d}$，节流器下深2114m，气嘴直径3.2mm。生产一段时间后，根据采气曲线判断该井为积液停产井。2020年5月6日打捞节流器施工作业，打捞出节流器打捞颈，用卡瓦式打捞工具打捞无法抓住节流器，下铅印，铅印显示有卡瓦印记，用平面强磁打捞多次未打捞出卡瓦。分析原因，上窜的卡瓦和节流器中心杆同时被平面强磁吸附，两者同时被上提，卡瓦很难单独被成功打捞。此后，采用环形强磁节流器打捞工具（带顶杆）成功打捞出三片卡瓦，节流器成功捞出。

截至2020年底，环形强磁节流器打捞工具施工作业5口井，打捞成功4口井，打捞成功率80%。

### 3. 节流器密封胶筒抱死油管打捞

针对卡瓦式节流器密封胶筒抱死油管，致使井壁和胶筒摩擦力过大，造成打捞钢丝拉断，打捞失败的情况，设计了节流器胶筒溶解剂投放装置。通过将该装置中预先储存的溶解胶筒的试剂洒向节流器上方，从而溶解胶筒，打捞节流器时，减小井壁和胶筒间的摩擦力，实现节流器的顺利打捞。

1）结构

节流器胶筒溶解剂投放装置如图6-4-4所示，主要由连接头、密封圈、螺帽、弹簧、筒体等部件组成。

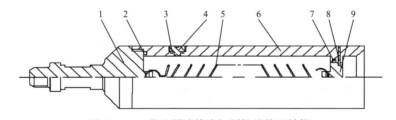

图6-4-4　节流器胶筒溶解剂投放装置结构
1—连接头；2—上密封圈；3—中密封圈；4—螺帽；5—弹簧；6—筒体；7—下密封圈；8—销钉；9—底盖

2）工作原理

节流器胶筒溶解剂投放装置通过钢丝作业投放，下放过程中弹簧始终处于拉伸状态。当下放至节流器上部一定位置后，通过震击投放工具剪断销钉，此时弹簧回缩，打开底盖，筒体内部预置的胶筒溶解剂流向节流器胶筒。数分钟后便可提出节流器胶筒溶解剂投放装置，即可开展常规的节流器打捞作业。

该装置能与节流器近距离接触，高效地溶解胶筒，能避免溶解剂的浪费，提高了节流器打捞效率和成功率。

## 七、预置式节流器上积液气井

（1）采用机械方式或井口憋压方式便可将预置式节流器气嘴打掉，实现中心大通道（图6-4-5）。

图6-4-5 预置式节流器打掉气嘴示意图

（2）若打气嘴失败，通过预置式节流器位置之上钢丝作业油管打孔，增加大气流通道满足气井后期排水采气需求（图6-4-6和图6-4-7）。

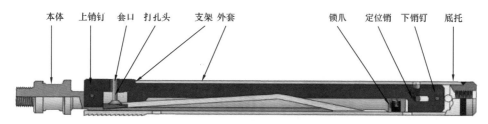

图6-4-6 油管打孔器结构示意图

（3）将打掉气嘴的预置式节流器作为柱塞井下坐落器，简化施工程序，降低综合成本，减少施工风险，确保了井筒工艺措施的连续性和有效性（图6-4-8）。

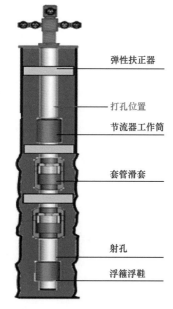

图6-4-7 油管钢丝作业打孔位置

图6-4-8 自缓冲柱塞＋坐落器（节流器）

## 八、井下节流器打捞注意事项

### 1. 常规注意事项

（1）卡瓦式节流器解卡前必须关井恢复压力，严禁导套压作业，防止节流器落入井底。

（2）打捞卡瓦式节流器时，若发现井筒脏或节流器放置时间过长、可提高开始向下冲击的位置，确保一次性成功。

（3）打捞工具必须有向上震击剪销脱手的功能。

（4）打捞过程中匀速上提，严禁时快时慢，遇卡时下击解卡；禁止上击解卡，防止打捞筒销钉震断，节流器再次落入井中。

（5）安装防喷管时，严防异物入井。

（6）入井工具需地面检验合格。

（7）施工前有防触电、防火、防爆措施，按规定配备消防器材。

### 2. 特殊情况注意事项

（1）常规钢丝作业在卡瓦式节流器上提打捞过程中如果遇阻，不可先尝试硬拉和上击解卡动作，首先应该释放钢丝，将张力减小静置一段时间，使胶筒处于一定回缩状态，再重新进行上提，如此下放上提促使节流器上行。

（2）连续油管打捞过程中，严禁连续油管大力下压卡瓦式节流器，下压力量控制在500～1000kgf，防止下压造成节流器卡瓦再次卡定。

# 第五节　井下节流气井生产管理

## 一、气井开井及生产管理

### 1. 开井

（1）开井前的检查和准备按 SY/T 6125—2013《气井试气、采气及动态监测工艺规程》中的规定执行。

（2）若装有超压保护装置，应使其处于工作状态。

（3）缓慢打开井口控制节流针阀，油压下降至设计压力前将压力控制在集气管网及单井井场装置的工作压力范围内。

（4）油压下降至设计压力前，气井产量应大于井下节流器设计产量。

（5）开井后的常规检查应按 SY/T 6125—2013《气井试气、采气及动态监测工艺规程》中的规定执行。无人值守井应与集气站取得联系，且压力、产量稳定后方可离人。

### 2. 生产管理

（1）检查节流器的质检报告。

（2）严格按单井方案设计和相关操作规程执行。

（3）施工资料和施工总结应建档建卡。

（4）如井口油压、产量突变，井口安全阀关闭时，应尽快关井，分析原因，制订下步措施。

（5）如井口产量无法达到设计产量，应关井，分析原因，制订下步措施。

（6）生产过程中，应尽可能避免频繁开关井。

（7）节流器未打捞时应尽量避免向井内注入甲醇、起泡剂及缓蚀剂等。

### 3. 维护管理

（1）对于井下节流器失效的气井，应及时更换井下节流器。

（2）对于井下节流器未失效的气井，根据生产实际，井下节流器使用满 6～24 个月，应将井下节流器打捞出地面，检测封隔密封元件及其他零部件工况，重新投放适合气井配产的新井下节流器。而对于出砂结垢的气井，若结垢严重首先应对油管除垢后，再投放适合气井配产的新井下节流器。

（3）对于需要调整产量的气井，应将井下节流器打捞出地面，重新投放适合气井配产的新井下节流器。对于产水气井，如果地面节流能满足不加热不堵塞生产时，应取消井下节流器，采用地面节流便于带水生产。

## 二、动态监测管理

### 1. 试井

（1）试井前应打捞出井下节流器。

（2）试井期间开井生产应采取适当的临时保温措施以防止水合物产生，以及相应的安全措施以确保流程管线不超压。

### 2. 动态监测

（1）定期开展生产动态分析，根据气井压力产量变化情况及时调整井下节流器参数。

（2）井下节流器重新下入前应测井底静压和井筒静压梯度。

（3）有条件的井下入井下节流器前可下入电子托挂器测压工具，实现井下压力温度监测。

（4）如果油套连通，应定期测试环空液面进行动态分析。

## 三、安全环保要求

（1）井下节流气井施工作业前应编制安全预案。

（2）作业人员进入井场前，应正确佩戴劳动防护用品。

（3）井下节流器安装施工过程中防火防爆应按照 SY/T 5225—2019《石油天然气钻井、开发、储运防火防爆安全生产技术规程》相关规定执行。

（4）对于含硫气井，人员防护、施工作业应符合 SY/T 6610—2017《硫化氢环境井下作业场所作业安全规范》的要求。

（5）一切操作应严格按照《中华人民共和国环境保护法》和地方政府环境保护相关规定执行。

（6）作业车辆应配备防火帽。

（7）出现以下情况之一，应中断作业：

① 自然灾害危及作业安全；

② 作业人员中毒、受伤；

③ 井口装置、防喷装置失效，气体泄漏危及作业安全。

# 第七章　气井井下节流技术应用

长庆苏里格气田从 2004 年就开始井下节流工艺试验，初期试验的目的主要是防治水合物。2006 年以来，为了大幅度降低地面压力、简化地面流程，加大了井下节流工艺试验力度，截至 2020 年底投放井下节流器 10000 余口井。实践证明该技术具有四大优点：（1）实现苏里格气田中低压集气模式，地面投资降低 50%；（2）有效防止水合生生成，提高气井携液生产能力；（3）可以减少地层激动，有利于提高气井最终采收率；（4）不加热、不注醇，有利于节能减排。

## 第一节　井下节流技术简化地面流程

苏里格气田要实现经济有效开发就必须走低成本开发之路，而简化地面流程、降低建设投资是实现低成本开发的有效手段之一。通过前期防止水合物生成的不同工艺对比试验，从井下节流技术攻关试验找到了答案。（1）采用井下节流技术可有效地防止水合物生成，取消高压集气集中注醇流程，节省敷设注醇管线、建设注醇泵房等投资；（2）井下节流取代井口加热节流，可以取消加热炉，简化井场流程，降低投资；（3）井下节流可以防止井间干扰，实现地面压力系统自动调配，为井间串接等地面流程的简化与配套提供支持；（4）针对苏里格气田气井压力下降快的特点，如果采用高压生产将造成管线不必要的浪费，利用井下节流技术可实现中低压集气，简化地面流程，降低开发成本。因此，井下节流成为苏里格气田简化优化地面流程的关键技术。

### 一、大幅度降低地面管线运行压力，为简化地面流程提供了技术保障

井下节流可以大幅度降低地面系统压力（图 7-1-1），苏里格气田节流前后的平均油压由 20.16MPa 降为约 3.26MPa，为节流前平均油压的 16.17%。在这个压力下，完全可以直接采用中低压管线集气流程，避免高压管线的浪费。

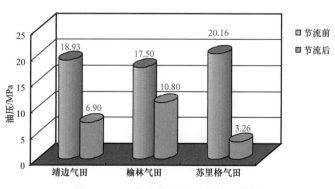

图 7-1-1　节流前后油压变化柱状图

## 二、有效地防止了水合物生成，节省了注醇系统

从气流压力与水合物生成温度曲线（图 7-1-2）可以看出，随着压力的下降，水合物生成温度大大下降。

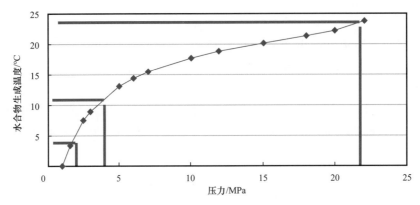

图 7-1-2　气流压力与水合物生成温度关系曲线

井下节流前井口油压为 14～23MPa，此时水合物生成温度大于 21℃。苏里格气田气井井口气流温度为 0～18℃，井筒及地面管线易生成水合物堵塞而造成关井，影响气井开井时率。

井下节流后井口油压为 2～5MPa，对应的水合物生成温度为 3.4～12.9℃，大大降低了水合物生成条件，有效地防止了水合物的生成。如果上压缩机生产，节流后井口油压小于 1.3MPa，集气压力 1.3MPa 对应的水合物生成温度为 0～2℃，管线深埋一般在 1.5m 以下，温度为 3～4℃，因此可以有效防止水合物生成（表 7-1-1）。

表 7-1-1　管线埋深实测地温统计

| 管线埋深 /m | 0.8 | 1.2 | 1.6 |
|---|---|---|---|
| 地温范围 /℃ | −3～0 | 0～1 | 3～4 |

对苏 ci-ad-b 井和苏 ci-ad-c 井的试验数据进行分析，利用井下节流技术后水合物堵塞次数明显下降（表 7-1-2）。

表 7-1-2　井下节流试验前后注醇量及堵塞次数对比

| 井号 | 油压 /MPa | | 堵塞次数 / 井次 | | 注醇量 / (L/10⁴m³) | | 累计产气量 / 10⁴m³ | |
|---|---|---|---|---|---|---|---|---|
| | 节流前 | 节流后 | 节流前 | 节流后 | 节流前 | 节流后 | 节流前 | 节流后 |
| 苏 ci-ad-b | 19.2 | 3.5 | 18 | 2 | 18.58 | 1.74 | 204.56 | 2000.00 |
| 苏 ci-ad-c | 12.0 | 3.2 | 24 | 2 | 14.31 | 1.52 | 282.35 | 1284.00 |

注：苏 ci-ad-b 井，节流前（2003 年 10 月 27 日至 2004 年 2 月 21 日），节流后（2004 年 2 月 22 日至 2006 年 10 月 31 日）；苏 ci-ad-c 井，节流前（2003 年 10 月 1 日至 2004 年 2 月 12 日），节流后（2004 年 2 月 13 日至 2006 年 10 月 31 日）。

苏 ci-ad-b 井于 2003 年 11 月 27 日开井，采用井口加热炉加热、井口针阀控制生产。开井初期油压为 17.7MPa，理论计算水合物生成温度为 21℃，配产（1.5～3）×10⁴m³/d，由于井筒或井口到加热炉管线水合物堵塞而多次关井，截至 2004 年 2 月 21 日下井下节流器 86 天，井筒水合物堵塞 9 次，井口到加热炉管线堵塞 9 次。井下节流后油压降至 3.5MPa 时，其水合物生成温度为 10.2℃，至 2006 年 10 月底，仅发生了 2 次加热炉管线水合物堵塞。

苏 ci-ad-c 井于 2003 年 10 月 1 日开井，采用井口加热炉加热、井口针阀控制生产。开井初期油压为 19.0MPa，理论计算水合物生成温度为 22℃，平均配产 2.5×10⁴m³/d，至 2004 年 2 月 13 日下入井下节流器前的 105 天生产中，因井筒水合物堵塞或井口至加热炉地面管线堵塞次数达 24 次；井下节流后油压降至 3.2MPa 时，其水合物生成温度为 9.5℃，节流后至 2006 年 10 月底，仅有 2 次井口加热炉至地面管线水合物堵塞。

通过 2 口井的现场应用表明：采用井下节流技术后，有效地防止了水合物的生成，提高了气井开井时率，大大降低了注醇量，可以节省注醇管线、注醇泵等注醇系统。

同时，对苏里格气田其他各井区有对比资料的 16 口井的生产情况进行统计（表 7-1-3），由井下节流试验前、后堵塞次数对比可以看出，采用井下节流技术后降低了堵塞次数，减少了注醇量，可以取消注醇系统，且气井平均开井时率由 85.5% 上升到 99.5%。

表 7-1-3 井下节流试验前、后堵塞次数对比

| 序号 | 井号 | 试验前 | | | | | 试验后 | | | | |
|---|---|---|---|---|---|---|---|---|---|---|---|
| | | 应生产天数 / d | 油压 / MPa | 堵塞次数 / 次 | 开井时率 / % | 注醇量 / (L/10⁴m³) | 应生产天数 / d | 油压 / MPa | 堵塞次数 / 次 | 开井时率 / % | 注醇量 / (L/10⁴m³) |
| 1 | 苏 f-i-h | 90 | 19.5 | 22 | 58.4 | 42.5 | 150 | 5.0 | 0 | 100.0 | 0.6 |
| 2 | 苏 e | 151 | 14.0 | 41 | 93.2 | 7.1 | 95 | 2.0 | 0 | 100.0 | 0 |
| 3 | 苏 f-ab-ac | 24 | 17.5 | 6 | 78.3 | 19.5 | 112 | 4.8 | 1 | 99.8 | 0 |
| 4 | 苏 af | 9 | 22.0 | 2 | 74.4 | 0.5 | 79 | 3.2 | 0 | 100.0 | 0 |
| 5 | 苏 f-i-ac | 3 | 20.5 | 1 | 93.3 | 29.4 | 89 | 5.0 | 1 | 98.8 | 2.0 |
| 6 | 苏 cf-i-af | 10 | 23.0 | 5 | 70.0 | 19.4 | 68 | 3.0 | 0 | 98.6 | 8.9 |
| 7 | 苏 cf-h-ag | 11 | 22.0 | 2 | 87.3 | 4.1 | 81 | 3.2 | 0 | 100.0 | 0.4 |
| 8 | 苏 cf-f-b0 | 10 | 19.5 | 2 | 97.0 | 9.9 | 81 | 3.3 | 0 | 100.0 | 1.0 |
| 9 | 苏 f-a0-ag | 44 | 20.0 | 1 | 97.9 | 3.6 | 67 | 5.0 | 0 | 100.0 | 2.2 |
| 10 | 苏 f-h-d | 37 | 21.2 | 5 | 85.9 | 13.0 | 62 | 3.7 | 1 | 99.5 | 1.5 |
| 11 | 苏 f-g-i | 40 | 21.0 | 3 | 90.5 | 55.6 | 62 | 3.6 | 0 | 100.0 | 1.7 |
| 12 | 苏 f-i-ab | 55 | 17.0 | 10 | 74.2 | 27.7 | 61 | 4.5 | 0 | 100.0 | 4.4 |

续表

| 序号 | 井号 | 试验前 | | | | | 试验后 | | | | |
|---|---|---|---|---|---|---|---|---|---|---|---|
| | | 应生产天数 / d | 油压 / MPa | 堵塞次数 / 次 | 开井时率 / % | 注醇量 / ( L/10⁴m³ ) | 应生产天数 / d | 油压 / MPa | 堵塞次数 / 次 | 开井时率 / % | 注醇量 / ( L/10⁴m³ ) |
| 13 | 苏 f–ab–ab | 91 | 14.5 | 2 | 97.4 | 15.3 | 63 | 4.5 | 1 | 95.7 | 0.5 |
| 14 | 苏 cf–h–ai | 22 | 17.0 | 3 | 84.1 | 5.2 | 68 | 3.3 | 0 | 100.0 | 0.5 |
| 15 | 苏 cf–i–ah | 22 | 15.0 | 3 | 86.8 | 2.8 | 67 | 3.8 | 1 | 99.1 | 0 |
| 16 | 苏 cf–a0–ah | 22 | 16.0 | 2 | 99.8 | 0.8 | 68 | 3.5 | 0 | 100.0 | 0.7 |
| | 平均 | 40.1 | 18.7 | 6.9 | 85.5 | 16.1 | 79.6 | 3.8 | 0.3 | 99.5 | 1.5 |

### 三、气井开井和生产无须井口加热炉

前期采用地面节流集气工艺，由于气井初期压力高，节流造成温降大，井筒及地面管线易生成水合物而造成堵塞，需采用加热炉加热后节流才能满足集气工艺要求，增加了建设投资。

利用井下节流器技术使节流后井口气流的温度恢复到节流前的温度，同时通过井下节流可以直接将油压降低到集气要求的压力，井口不需要节流，不存在节流温度下降，因此，可以取消井口加热炉。

如苏 ××4 井未使用加热炉而顺利开井，如图 7–1–3 和图 7–1–4 所示。2006 年 9 月 13 日投放节流器，投放前油压 21.5MPa，套压 22.3MPa。采用井口针阀节流，启动开井瞬时气量 $5 \times 10^4 m^3/d$ 左右，40min 内成功启动井下节流器，针阀节流后气流温度在 40min 内恢复到节流前井口气流温度，投放节流器生产平稳后油压 5.1MPa，套压 22.1MPa，产气量 $1.5 \times 10^4 m^3/d$（表 7–1–4）。

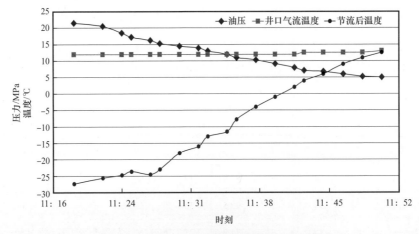

图 7–1–3　苏 ××4 井投放节流器开井情况

图 7-1-4　苏 ××4 井无加热炉投产

表 7-1-4　井下节流前、后加热炉燃气对比

| 加热炉功率 / kW | 所辖井 | 井下节流前 | | | | 井下节流后 | | | | 燃气量降低率 / % |
|---|---|---|---|---|---|---|---|---|---|---|
| | | 压力 / MPa | 产量 / $10^4 m^3$ | 水温 / ℃ | 日燃气 / $m^3$ | 压力 / MPa | 产量 / $10^4 m^3$ | 水温 / ℃ | 日燃气 / $m^3$ | |
| 125 | S34 | 19.6 | 10.5 | 89～100 | 676 | 5.2 | 13.7 | 55～73 | 243 | 71.4 |
| | S28 | 15.7 | 2 | | | 16.0 | 2.0 | | | |
| 200 | S7 | 21.8 | 4.5 | 86～92 | 620 | 5.2 | 8.2 | 60 | 145 | 87.2 |
| 400 | G11-19 | 19.7 | 3.7 | 85 | 788 | 5.4 | 4.5 | 73 | 380 | 99.7 |
| | S8 | 22.7 | 7.6 | | | 6.5 | 12.0 | | | |
| | S40 | 21.1 | 6.2 | | | 19.0 | 8.0 | | | |
| | S42 | 20.9 | 4.5 | | | 5.6 | 9.1 | | | |

## 四、防止井间干扰，实现串接、地面压力系统自动调配

根据气嘴流动理论，当上、下游压力之比达到某值时，穿越气嘴的流速等于声速。在这种状态下无论怎样降低下游压力，介质流速仍保持当地声速，此即气流通过气嘴的临界流动状态。下游压力的波动不会影响到地层本身压力，从而有效防止了地层压力激动。同时采用井下节流后，气井稳定生产，开关井次数减少也降低了对地层压力的影响。

苏里格气田部分井采用井间串联的集气方式（图 7-1-5 和图 7-1-6），采用井下节流技术后，由于气嘴工作在临界流状态，某口井压力的变化不会影响其他井的正常生产。同时，井间串接节省管线长度 36%。

应用井下节流技术后，在处于临界流动状态下，可在较大压力范围内实现地面压力系统自动调配而不影响气井产量，如图 7-1-7 所示。在冬季采用压缩机生产，尽量降低地面集输管线压力，从而防止水合物生成，在夏季停用压缩机生产，节约生产成本。

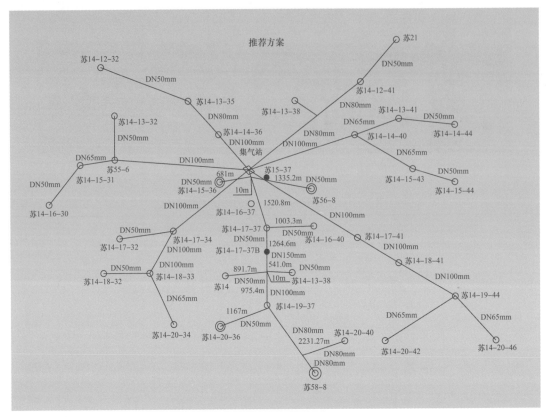

图 7-1-5　苏里格气田气井集气管网

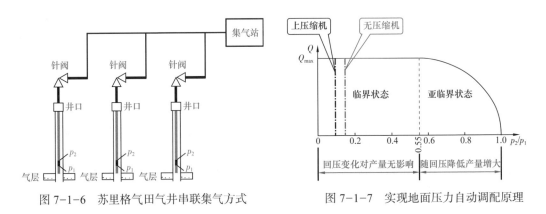

图 7-1-6　苏里格气田气井串联集气方式　　　图 7-1-7　实现地面压力自动调配原理

## 五、有利于保护气层，实现气井平稳生产

从苏 ci-ad-b 井和苏 ci-ad-c 井的井下节流防止水合物生成的试验中发现，井下节流试验井表现出较好控压稳产的生产趋势，即井下节流具有防止地层激动、控压稳产效果。图 7-1-8 为同期生产的节流井与非节流井生产动态，对比表明，节流井套压下降相对缓慢，生产平稳。同时采用井下节流后，气井稳定生产，开关井次数减少也降低了对地层压力的影响[9]。

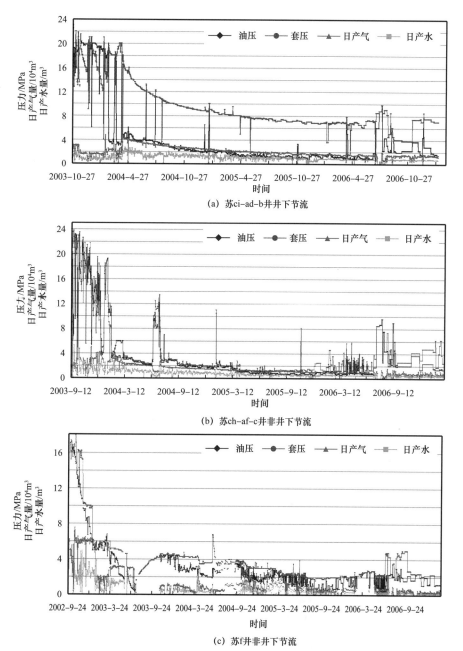

(a) 苏ci-ad-b井井下节流

(b) 苏ch-af-c井非井下节流

(c) 苏f井非井下节流

图7-1-8　井下节流试验井与非井下节流试验井生产动态对比

　　为了探讨压力波动对气层的影响，开展了岩心六升六降多次应力敏感试验（图7-1-9），试验表明，压力反复升降，会导致渗透率发生部分不可逆变化，而井下节流有利于减缓地层压力波动。

　　井下节流井与同期投产的非节流井生产对比表明（表7-1-5），采用井下节流后单位压降采气量高。苏ci-ad-b井单位压降采气量为$114.6 \times 10^4 m^3$，苏ci-ad-c井单位压降采气量为$90.8 \times 10^4 m^3$，同期非节流井平均单位压降采气量加密井为$63.3 \times 10^4 m^3$。

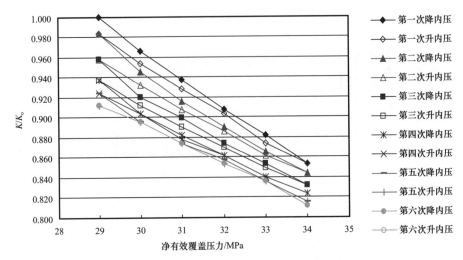

图 7-1-9 岩心六升六降多次应力敏感试验

表 7-1-5 井下节流试验井与非井下节流试验井生产数据对比

| 项目 | 井号 | 生产天数/d | 历年累计产气量/$10^4m^3$ | 历年累计产水量/$m^3$ | 累计注醇量/（L/$10^4m^3$） | 单位压降产气量/（$10^4m^3$/MPa） | 开井初期油套压 | | 2007年5月11日油套压 | | 压差/MPa | 日产气量/$10^4m^3$ |
|---|---|---|---|---|---|---|---|---|---|---|---|---|
| | | | | | | | 油压/MPa | 套压/MPa | 井口油压/MPa | 井口套压/MPa | | |
| 井下节流 | 苏 ci-ad-b | 1078 | 2199.8188 | 1050.1 | 3.1 | 114.6 | 22.0 | 23.0 | 2.2 | 3.8 | 19.2 | 1.4848 |
| | 苏 ci-ad-c | 1105 | 1561.1658 | 726.0 | 3.8 | 90.8 | 22.5 | 23.0 | 2.2 | 5.8 | 17.2 | 1.3618 |
| | 平均 | 1092 | 1880.4923 | 888.0 | 3.4 | 102.7 | 22.3 | 23.0 | 2.2 | 4.8 | 18.2 | 1.4233 |
| 2003年加密井 | 苏 ch-af-a | 939 | 537.6862 | 272.4 | 10.9 | 37.3 | 19.0 | 20.1 | 1.3 | 5.7 | 14.4 | 0.5132 |
| | 苏 ch-af-b | 898 | 1648.7070 | 829.1 | 15.6 | 78.9 | 21.0 | 23.0 | 2.0 | 2.1 | 20.9 | 0.8862 |
| | 苏 ch-af-c | 1107 | 1628.3876 | 802.8 | 3.8 | 76.1 | 24.0 | 24.0 | 2.0 | 2.6 | 21.4 | 0.7629 |
| | 苏 ch-af-d | 919 | 669.7828 | 343.3 | 3.6 | 35.6 | 23.2 | 23.0 | 1.6 | 4.2 | 18.8 | 0 |
| | 苏 ch-af-e | 1094 | 3246.6692 | 1551.1 | 6.0 | 172.7 | 20.8 | 20.8 | 1.4 | 2.0 | 18.8 | 1.8108 |
| | 苏 ch-af-f | 1016 | 602.5330 | 319.3 | 11.1 | 37.0 | 21.0 | 21.0 | 1.6 | 4.7 | 16.3 | 0.4629 |
| | 苏 ch-af-g | 1021 | 843.0726 | 442.9 | 116.2 | 47.1 | 21.5 | 21.5 | 1.2 | 3.6 | 17.9 | 0.5224 |
| | 苏 ch-af-h | 964 | 1856.1795 | 927.9 | 57.1 | 88.0 | 23.5 | 23.5 | 1.2 | 2.4 | 21.1 | 0.9216 |
| | 苏 ci-ad-a | 958 | 747.2934 | 406.2 | 7.9 | 41.7 | 21.8 | 22.4 | 1.2 | 4.5 | 17.9 | 0.5669 |
| | 苏 ci-ad-d | 744 | 242.4844 | 117.8 | 21.3 | 18.7 | 22.0 | 21.5 | 1.4 | 8.5 | 13.0 | 0 |
| | 平均 | 966 | 1202.2796 | 601.28 | 25.3 | 63.3 | 21.8 | 22.1 | 1.5 | 4.0 | 18.1 | 0.6447 |

## 六、简化了地面流程，降低了成本

苏里格气田采用井下节流技术，一方面有效防止水合物生成，节省了敷设注醇管线、建设注醇泵房的投资，简化了地面流程；另一方面实现中低压集气，取消了井口加热炉，简化了井场流程，从而降低了建设投资与生产成本，单井地面投资由 400 万元降至 150 万元。

# 第二节　井下节流技术排水采气

长庆苏里格气田通过气井井下节流技术的应用，发现其能提高气井携液能力，有助于排水采气。

## 一、提高气流携液能力

### 1. 减少气井最小携液流量

由最小携液流量公式，计算不同井口压力下气井临界携液流量（表 7-2-1），在油管直径一定的情况下，最小携液流量随着井口压力的降低而减小；压力一定情况下，最小携液流量随着油管直径的减小而降低。

表 7-2-1　不同井口压力气井临界携液流量

| 井口压力 /MPa | 临界携液流量 /（m³/d） | | |
|---|---|---|---|
| | 油管内径 50.7mm | 油管内径 62mm | 油管内径 76mm |
| 1 | 4970 | 7455 | 11267 |
| 2 | 7016 | 10524 | 15906 |
| 4 | 9887 | 14830 | 22414 |
| 6 | 12065 | 18098 | 27352 |
| 8 | 13881 | 20821 | 31468 |
| 10 | 15461 | 23192 | 35051 |
| 12 | 16873 | 25310 | 38251 |
| 16 | 19333 | 29000 | 43828 |
| 18 | 20425 | 30637 | 46303 |
| 20 | 21443 | 32164 | 48611 |
| 24 | 23296 | 34945 | 52813 |

根据井筒压力分布规律，进行了节流器投放 1500m、2000m、3000m 处井筒压力分布的模拟，如图 7-2-1 所示，节流位置越深，下游低压力区起始位置越深。低压区段越长，越有利于气井携液。

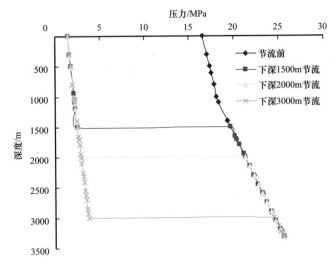

图 7-2-1　节流器投放不同深度处井筒压力分布图

由于采用井下节流技术后，井下节流器气嘴以上的气流压力大大降低，使得气井最小携液流量大大减小。因而，井下节流技术提高了气流的携液能力。

## 2. 提高气体速度

气体速度的计算是分析携液能力的关键，在流量一定的情况下，气体流速是一个与体积系数有关的量，体积系数又与压力、温度有关。井下节流由于突然从上游的高压降为下游的低压，高能气体的体积膨胀，大大提高了气体的速度，如图 7-2-2 和图 7-2-3 所示。

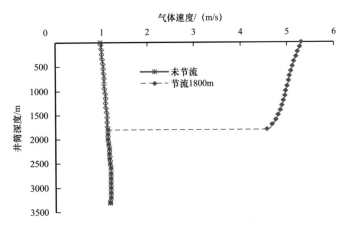

图 7-2-2　未节流与节流 1800m 处气体速度分布图

从图 7-2-2 和图 7-2-3 可以看出，未节流气体速度沿井深呈递增的趋势分布，井越深，气体速度越大；投放节流器后，在节流气嘴之前流速并没有变化，但在节流气嘴下游沿井深呈递减的趋势分布，在节流下游速度急剧地增加，并且节流后气体流速为原来的 3～7 倍，这有利于携液。因而，井下节流技术有利于气体携液。

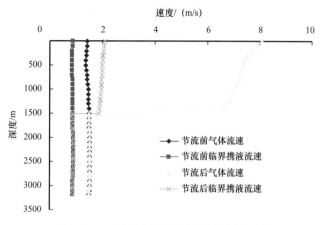

图 7-2-3　不同井筒深度气体速度分布图

## 二、持液率降低

持液率表示在气液两相流动中，液体所占单位管段容积的份额，是表示气液相管流混合物密度的特性的重要参数。

根据持液率的分布规律，模拟了节流器不同下入深度时持液率随井筒深度的变化特征，见表 7-2-2 和图 7-2-4。节流下游持液率低于节流前持液率。节流气嘴下深越深，持液率降低位置越低，井的压力梯度越低，越有利于节省节流后井筒举升能量。

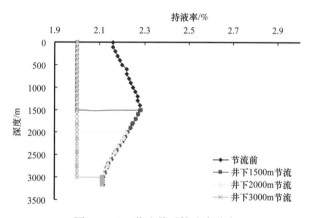

图 7-2-4　节流前后持液率分布

从表 7-2-2 和图 7-2-4 可以看出，节流上游持液率分布与未节流一样，节流下游持液率低于节流前持液率，节流位置由浅到深，持液率分别由 2.28%、2.22%、2.11% 降低至 2.00%，节流后持液率随井深不再发生变化，流体气液分布更加均匀。

节流位置不同，下游持液率变化趋势一致，只是持液率降低位置不同。节流器下深越深，节流前后压力差值越大，节流出口温度越高，越有利于防止水合物的生成，气井持液率降低位置越低，井的压力梯度降低，越有利于节省节流后井筒举升能量，越有利于气井携液。

表 7-2-2　持液率随井深变化表

| 未下节流器 | | 下入节流器 | | | | | |
|---|---|---|---|---|---|---|---|
| | | 节流器下深 1500m | | 节流器下深 2000m | | 节流器下深 3000m | |
| 井深 /m | 持液率 /% | 井深 /m | 持液率 /% | 井深 /m | 持液率 /% | 井深 /m | 持液率 /% |
| 3100 | 2.12 | 3100 | 2.12 | 3100 | 2.12 | 3172 | 2.11 |
| 2900 | 2.12 | 2900 | 2.12 | 2900 | 2.12 | 3100 | 2.11 |
| 2700 | 2.14 | 2700 | 2.14 | 2700 | 2.14 | 3017 | 2.11 |
| 2500 | 2.16 | 2500 | 2.16 | 2500 | 2.16 | 3000 | 2.11 |
| 2300 | 2.19 | 2300 | 2.19 | 2300 | 2.18 | 3000 | — |
| 2100 | 2.22 | 2100 | 2.22 | 2100 | 2.21 | 2900 | 2.00 |
| 1900 | 2.24 | 1900 | 2.24 | 2000 | 2.22 | 2700 | 2.00 |
| 1700 | 2.26 | 1700 | 2.26 | 2000 | — | 2500 | 2.00 |
| 1500 | 2.28 | 1500 | 2.28 | 1900 | 2.00 | 2300 | 2.00 |
| 1500 | 2.27 | 1500 | — | 1700 | 2.00 | 2100 | 2.00 |
| 1400 | 2.26 | 1300 | 2.00 | 1500 | 2.00 | 1900 | 2.00 |
| 900 | 2.24 | 1100 | 2.00 | 1300 | 2.00 | 1700 | 2.00 |
| 700 | 2.22 | 900 | 2.00 | 1100 | 2.00 | 1300 | 2.00 |
| 500 | 2.20 | 700 | 2.00 | 900 | 2.00 | 900 | 2.00 |
| 300 | 2.18 | 500 | 2.00 | 700 | 2.00 | 700 | 2.00 |
| 100 | 2.16 | 100 | 2.00 | 100 | 2.00 | 100 | 2.00 |
| 0 | 2.16 | 0 | 2.00 | 0 | 2.00 | 0 | 2.00 |

## 三、节流雾化现象

含液天然气井的两相节流，由于节流管径的突然变化，都会引起生产流体的流态发生变化。特别是对于含液天然气在节流后，由于气流的强烈剪切作用，使得液滴破裂，从而出现较明显的流体细雾化现象。

### 1. 液滴破裂机理

#### 1）液滴在稳定气流中的破裂

摄影显示在不同气流作用下液滴的破碎主要具有以下三种模式：（1）当液滴处于平行或旋转气流中，球形液滴首先被压扁，成为椭球形，然后破碎；（2）当液滴处于平行双曲线形或库特流形气流中时，球形液滴首先被拉伸成雪茄形状，然后破碎；（3）当液滴处于不规则气流中时，在液滴上会形成凸起的褶皱部分，它逐渐与本体分离，形成大量微小颗粒，此即表面剥离式破碎模式。

椭球形变形最为常见。位于高速气流中的液滴，受气体压力作用，球形逐渐被压扁为椭球形、杯形及半水泡形。当液滴与高速气流的相对速度大于临界速度时，半水泡形液滴上部首先爆裂，形成边缘厚度不等的环状，它包含球形大颗粒液滴 70% 的质量，气流吹在环状液滴上使边缘撕裂成片状，中心形成大量的小水泡，最终破裂成各种尺寸的细小液滴及小水泡，如图 7-2-5 所示。

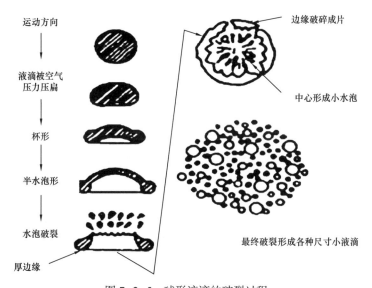

图 7-2-5　球形液滴的破裂过程

此外，变形大小、破裂时间和破裂后细小液滴的状况还取决于气体和液滴介质的物理特性，如它们的密度、黏度及气液界面处的表面张力。

### 2）液滴在紊流区的破裂

处于紊流区中液滴的破裂与紊流的动能有关，而动能则随紊流脉动波长的增长而增大。对于等熵流，临界韦伯数可用式（7-2-1）表达：

$$We_{crit} = \frac{\rho_g \overline{u}^2 D_{max}}{\sigma} \tag{7-2-1}$$

式中　$\overline{u}$——液滴表面气体的紊流脉动速度的平均值；

　　　$\rho_g$——气体密度，$kg/m^3$；

　　　$D_{max}$——最大的稳定液滴直径，m；

　　　$\sigma$——液滴的表面张力，N/m。

当紊流脉动的特征频率达到液滴的振动频率时会引起共振现象，而共振会大大增加液滴的变形并促使其破裂。此外，紊流对液滴的作用与稳流对液滴的作用显著不同，它会造成液滴表面的破裂。

3）液滴在黏性流体中的破裂

如果液滴周围流体介质的黏度较大，例如液滴位于另一种不相溶的液体介质中而且相对速度较缓慢，则破裂将主要取决于两种液体的黏度和液滴的表面张力。在这种情况下，液滴变形有三种基本模式：（1）在黏性剪切力作用下，液滴被拉长为椭球形；（2）变形受无量纲参数 $\mu_t SD/\sigma$ 控制，其中 $\mu_t$ 是周围流体介质的黏度，$S$ 是液滴表面的最大速度梯度；（3）液滴的破裂取决于临界韦伯数 $We_{crit}$。一般认为第三种模式能较好地反映液滴在黏性液体中破裂的机理。

## 2. 节流雾化机理

雾化过程为较大的液滴颗粒或液膜破碎成大小不等的液滴和较大的液滴进一步破碎成细小液滴的过程。

雾化机理是液滴上的各种作用力和扰动作用的结果。其中一类是使液滴保持原有形状的力，如表面张力、黏性力（液体内摩擦力）等；另一类则是使液滴失去原有形状及稳定性而破碎的力，如湍流扰动、与周围气体介质相对运动而产生的气动力等。显然，这是两种性质截然不同的作用力。这两种作用力对液滴产生作用时如果前者占有优势，液滴将不会破碎，即保持原有的形态；如果后者占有优势，则液膜或液滴将改变原有形态而趋向于变形直至破碎，而对于节流过程中液滴的雾化可以参考图 7-2-6。

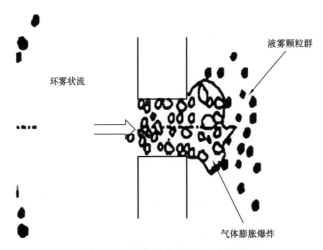

图 7-2-6　节流气嘴出口示意图

总括起来，雾化时的作用力有液滴动量、液滴与周围气体之间的广义摩擦力以及液体和气体的表面张力三种。也就是说，从节流气嘴喷出的流体，液滴在气体中具有一定形状的自由表面，而液流形状由以下几种因素来决定：

（1）液滴自身动量；

（2）液滴和气体的密度、速度、加速度以及相互间相应表面积产生的阻力；

（3）由液滴和气体的密度、速度梯度、黏度以及扩散系数决定的摩擦力；

（4）液体和气体之间与表面积成比例的表面张力。

### 3. 节流雾化的特性

图 7-2-7 和图 7-2-8 为节流雾化图。图 7-2-7 的雾化效果好于图 7-2-8，两幅雾炬图颜色都是绿色的，整个雾炬呈现雾状颗粒。图 7-2-7 中，中间淡蓝色的是气水混合物，最外边绿色的是雾化较好的颗粒。图 7-2-8 反映了节流雾化的明显特征，水和气体在离开节流气嘴之前就混合得较均匀，一出节流气嘴，气水立即膨胀，使大液滴迅速雾化。

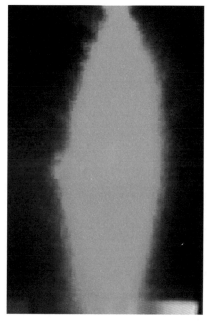
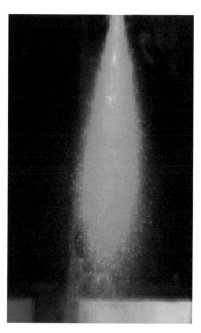

图 7-2-7　节流雾化图（一）　　　　　　　图 7-2-8　节流雾化图（二）

从整个雾炬形状来看，开始时雾炬向两侧扩展，在离节流气嘴出口一定距离后雾炬开始收缩。这是由于高速流动的两相流体从节流气嘴出口孔喷出后，引起节流气嘴下游附近气动力场的变化，从而使雾炬向内收缩。

## 四、增加气体饱和含水量

天然气含水量用饱和含水量和水露点这两个概念来表达。在一定条件下（组成、温度和压力），天然气与液体水达到相平衡时，气相中的含水量即为天然气的饱和含水量。饱和含水气的特点是湿度为 100%。例如，湿气就是饱和含水气，它的湿度为 100%。

天然气饱和含水量取决于天然气的组成、温度和压力。当天然气组成一定时：温度越高，饱和含水量越高；压力越高，饱和含水量越低。如图 7-2-9 所示，在 60℃时，压力从 20MPa 降低到 3.5MPa，每万立方米天然气饱和含水量增加 42kg。当采用井下节流技术后，随着节流气嘴下游压力的急剧降低，天然气采出过程中会不断地将井筒中的液态水转为气态水，并随天然气一起采出。因而，井下节流技术有利于排出井筒积液。

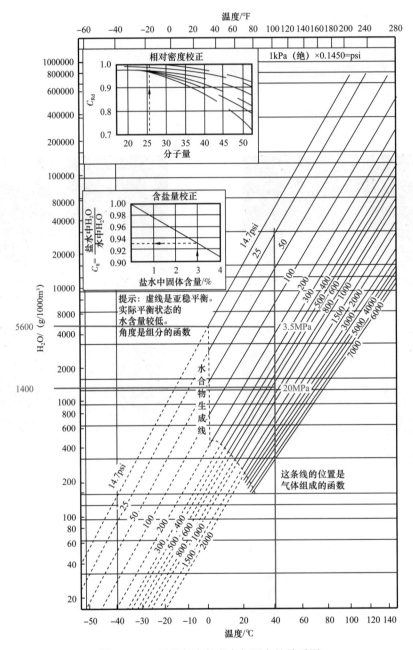

图 7-2-9　天然气中气态水与压力的关系图

# 第三节　节流气井泡沫排水采气

　　泡沫排水采气是从井口向井底注入一种能够遇水起泡的表面活性剂（起泡剂），井筒积液与起泡剂接触后，借助天然气流的搅动，与井筒积液充分接触，从而产生大量较稳定的低密度含水泡沫，利用泡沫随气流将井筒积液携带到地面，从而达到排水采气、恢复天然气井正常生产的目的。泡沫排采对小产液量的低产气井来说，是一种操作简单、管理方便的方法；无须动井下管柱，同时可通过毛细管注入系统实现泡排剂的定点加注，优化其泡排效果；通过表面活性剂的加入，可大大降低气井连续携液的临界流速，其降低幅度可达 30%～50%。同时最大排液量大，适用最大井深大，管理方便，经济成本低。但对于井下节流气井，泡排加注能否达到与常规气井相同的效果呢？

## 一、节流对泡沫排水影响机理

采用 UT-8、UT-5E 两种起泡剂，分别对 2.5mm、3mm 和 6mm 三种不同直径的节流气嘴，进行模拟节流气井的泡沫排水实验，通过实验得出了在不同节流气嘴时的泡沫直径、气体速度等流动状态参数，见表 7-3-1、图 7-3-1 和图 7-3-2。

表 7-3-1 泡沫通过不同直径节流气嘴的流动状态及分析

| 起泡剂类型 | 起泡剂浓度 /% | 节流气嘴孔径 /mm | 气体速度 /（L/min） | 携液量 /% | 泡沫含水率 /% | 节流气嘴下部泡沫平均直径 /mm | 节流气嘴上部泡沫平均直径 /mm |
|---|---|---|---|---|---|---|---|
| UT-5E | 0.3 | 2.5 | 7.5 | 89 | 3.32 | 3 | 10 |
| UT-8 | 0.3 | 2.5 | 4.2 | 85 | 1.28 | 2 | 13 |
| UT-8 | 0.3 | 3.0 | 4.8 | 85 | 1.30 | 3 | 12 |
| UT-8 | 0.3 | 6.0 | 5.2 | 80 | 1.30 | 4 | 11 |

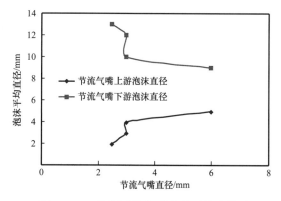

图 7-3-1 不同节流气嘴直径下节流前后泡沫平均直径

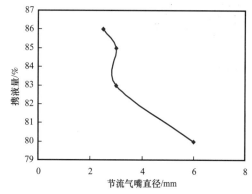

图 7-3-2 泡排剂 UT-8 不同直径节流气嘴节流后的携液量

通过实验，由图 7-3-1 和图 7-3-2 可以得出以下结论。

（1）节流后泡沫的直径明显增大，由节流气嘴上游的 1～7mm（其中大部分在 3mm）增大为下游的 5～15mm（其中大部分集中在 8～10mm），为节流前泡沫直径的 2～3 倍，泡沫的携液量增加。这主要是因为：节流后压力急剧减小，导致泡沫发生膨胀；节流后气体的流速升高。同时由于节流时的桥堵作用使泡沫拉长，液膜变薄，节流后泡沫膨胀。

（2）从节流携液的角度讲，节流气嘴直径越小，节流后泡沫的直径增大倍数越高，泡沫携液量越高，2.5～3mm 为实验中注泡排剂后节流的最佳气嘴直径。因为实验中透明管直径较小，泡沫通过节流气嘴时变形较小，节流时的桥堵效应不明显。

通过室内实验结果及分析发现节流对泡沫排水采气的影响机理主要有以下几点。

（1）节流气嘴前的堆积作用。

泡排剂在气体作用下运移至节流气嘴附近，由于节流气嘴的节流作用产生泡沫堆积，节流气嘴附近压力升高，因而憋压使井底压力也升高，同时节流气嘴附近泡沫在压力作用下直径变小并产生堆积，使得节流气嘴前端的泡沫更细密。

（2）节流时的破泡和桥堵作用。

节流气嘴对泡沫产生两个方面的影响，最终使泡沫通过节流气嘴的速度和数量减小。

一种是节流气嘴的破泡作用，泡沫在通过节流气嘴时，由于节流气嘴的孔径较小，泡沫必须产生变形并拉长变薄才能通过节流气嘴，拉长的过程中液膜会变薄，当液膜厚度达到临界厚度（5~10nm）时就会产生破裂，因此通过节流气嘴时部分泡沫将破裂变成液体。

另一种作用是桥堵作用。由于泡排剂在气流作用下产生多级分散的稳定泡沫球体，当这些泡沫球体在压差作用下向节流气嘴的狭窄孔道流动时，因其不与节流气嘴发生润湿作用等原因，弯曲界面收缩产生堵塞压力，各个方向压力叠加形成桥堵，使井底压力升高，如图7-3-3所示。

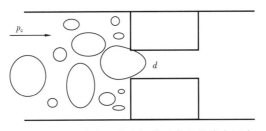

图7-3-3　泡沫流入节流气嘴时产生的堵塞压力
$p_c$—堵塞压力；$d$—节流气嘴嘴径

（3）节流后的二次起泡。

由于节流后井筒压力急剧降低，外部环境由高压区突然转变为低压区，泡沫中的气体体积膨胀，直至泡沫破灭，形成雾状液滴，气液分离，液体在节流气嘴上方积累，最后沉积在节流气嘴上方的井筒中。泡沫破灭后，随着通过的气泡数量增多，节流气嘴上方液量逐渐增加。由于节流气嘴处仍有气体通过，并且此时通过节流气嘴的气体速度更快，搅动节流气嘴上方的液体发生二次起泡。

依据泡沫排采的机理，需要降低气液间的表面张力及液体的密度，从而达到降低临界携液流速、延迟环形流向段塞流转变时间的目的。利用井下节流气井积液动态预测模型，即可分析泡沫排采后的节流气井生产动态。

## 二、节流气井泡排井筒加注方式优化

对于井下节流气井，一般采用油套环空中注入泡排剂的方式进行泡沫排水采气。利用苏里格节流气井生产动态预测模型分别模拟气嘴下端积液后0d、25d、75d和150d后采用泡沫排采对生产动态的影响，如图7-3-5所示。

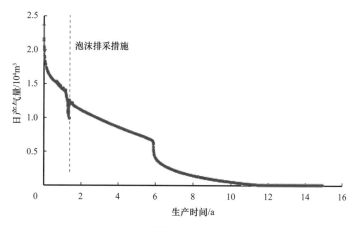

图 7-3-4　节流气井气嘴前积液后采用泡排生产动态模拟

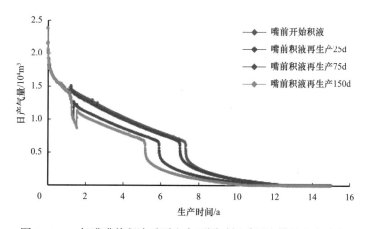

图 7-3-5　气嘴嘴前积液后再生产不同时间采用泡排的生产动态

在生产动态图的基础上，分别计算气井嘴前积液后 0～150d 开始泡沫排采对累计产气量的影响（不考虑打捞气嘴的影响），时间间隔为 50d，并绘制成柱状图，如图 7-3-6 所示。

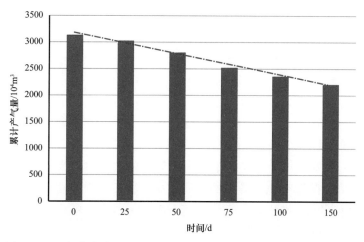

图 7-3-6　气嘴嘴前积液后再生产不同时间采用泡排对应累计产气量

从图 7-3-6 中可以看出，在气嘴下端积液以后，开始泡沫排采的时间越晚，气井产量越低。因此，在发现气井嘴前积液开始，随即开展泡沫排采效果最好。

### 三、节流对泡沫排水的影响现场数据分析

对于节流对泡沫排水的影响，可以使用泡沫流比干气流在节流器处多损失的压力差，作为节流对泡沫排水的影响的衡量标准。选取泡排井生产数据的要求为：泡排作业后基本能排除井底积液的节流泡排井。

选取苏里格气田泡排效果明显的 11 井次，分析节流对泡沫排水的影响，见表 7-3-2 和图 7-3-7。

表 7-3-2 节流对泡沫排水影响因素分析

| 井号 | 气嘴直径/mm | 节流器下深/m | 加药日期 | 油压/MPa | 套压/MPa | 加注方式 | 产气量/($10^4$m³/d) | 排液效果 | 实际压差/MPa | 理论压差/MPa | 附加压差/MPa |
|---|---|---|---|---|---|---|---|---|---|---|---|
| 苏dh-b-gg | 1.5 | 2000 | 8月15日 | 3.36 | 6.35 | 油套管 | 0.99 | 明显 | 2.99 | 0.69 | 2.30 |
| 苏dh-b-gg | 1.5 | 2000 | 10月22日 | 3.44 | 7.87 | 油套管 | 0.61 | 明显 | 4.43 | 2.02 | 2.41 |
| 苏dh-b-gg | 1.5 | 2000 | 8月8日 | 2.64 | 5.23 | 油套管 | 0.69 | 明显 | 2.59 | 0.10 | 2.49 |
| 苏dh-b-gg | 1.5 | 2000 | 8月20日 | 2.60 | 7.60 | 油套管 | 0.66 | 明显 | 5.00 | 2.11 | 2.89 |
| 苏dh-b0-he | 1.6 | 2001 | 8月29日 | 2.83 | 3.96 | 油套管 | 0.91 | 明显 | 1.13 | 0.71 | 0.42 |
| 苏dh-b0-he | 1.6 | 2001 | 7月30日 | 2.64 | 5.00 | 油套管 | 0.86 | 明显 | 2.36 | 1.82 | 0.54 |
| 苏dh-b0-he | 1.6 | 2001 | 9月11日 | 3.04 | 6.00 | 油套管 | 0.81 | 明显 | 2.96 | 2.02 | 0.94 |
| 苏dh-b0-he | 1.6 | 2001 | 10月19日 | 3.31 | 6.63 | 油套管 | 0.85 | 明显 | 3.32 | 2.11 | 1.21 |
| 苏dh-e-hc | 1.6 | 1900 | 6月11日 | 1.20 | 5.38 | 油套管 | 0.26 | 明显 | 4.18 | 2.55 | 1.63 |
| 苏dh-b0-hd | 1.7 | 2002 | 5月15日 | 2.66 | 5.00 | 油套管 | 0.51 | 明显 | 2.34 | 2.22 | 0.12 |
| 苏dh-b0-hd | 1.7 | 2002 | 6月7日 | 2.52 | 4.30 | 油套管 | 0.56 | 明显 | 1.78 | 1.44 | 0.34 |
| 苏dh-b0-hd | 1.7 | 2002 | 5月22日 | 2.68 | 6.80 | 油套管 | 0.07 | 明显 | 4.12 | 2.34 | 1.78 |

由苏里格气田气井现场数据计算结果可知：产气量 $0.5 \times 10^4$m³/d、气嘴直径 1.5mm 的气井，节流对泡沫排水的附加压力为 3MPa；产气量 $0.5 \times 10^4$m³/d、气嘴直径 1.6mm 的气井，节流对泡沫排水的附加压力为 1.5MPa；产气量 $0.5 \times 10^4$m³/d、气嘴直径 1.7mm 的气井，节流对泡沫排水的附加压力为 0.5MPa。

现场数据计算结果表明，节流对泡沫排水影响的主要参数为节流器气嘴直径与产气量。气嘴直径越大，节流对泡沫排水的阻碍越小，越有利于井底积液的排除。产气量越大，节流器气嘴前端泡沫堆积处的气体流速就越大，对泡沫堆积的冲刷解堵作用就越明显。因此，建议苏里格气田采用井下节流气井泡沫排水工艺时，在满足节流气井正常生产的情况下，应选择较大直径的节流气嘴。

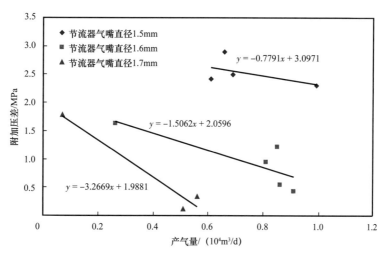

图 7-3-7　不同节流器气嘴直径产气量和附加压差关系

# 参 考 文 献

［1］张森森.带井下节流器的低渗气井携液能力研究［D］.成都：西南石油大学，2015.

［2］Gilbert W E.Flowing and gas-lift well performance［J］.API Drilling and Production，1954（20）：126-157.

［3］Poettmann F H，Beck R L. New charts developed to predict gas-liquid flow through chokes［J］.World Oil，1963，184（3）：95-101.

［4］Omana. Gas condensate flow through chokes［J］.European Petroleum Conference，Netherlands，1990.

［5］邓尧曦.井下节流气井井筒流动机理实验研究［D］.成都：西南石油大学，2016.

［6］罗云苔.井下节流技术的应用条件和效果［J］.钻采工艺，1996，19（4）：84-86.

［7］罗云苔，杨光鲜.井下活动油嘴在油气井中的应用［J］.天然气工艺，1987，8（2）：81-84.

［8］雷群.井下节流技术在长庆气田的应用［J］.天然气工艺，2003，23（1）：81-83.

［9］李安琪.苏里格气田开发论［M］.2版.北京：石油工业出版社，2013.

［10］张书平，付钢旦，张振文.鄂尔多斯盆地低渗透气藏采气工艺技术［M］.北京：石油工业出版社，2014.

［11］李士伦.天然气工程［M］.北京：石油工业出版社，2003.

［12］Stackelberg M V，Muller H R. On the structure of gas hydrates［J］.The Journal of Chemical Physics，1951，19（10）：1319-1320.

［13］徐昌晖.气田生产系统中井筒水合物系统预测与防治技术［D］.荆州：长江大学，2016.

［14］孟庆国.多组分气体水合物结构特征及生成分解过程研究［D］.北京：中国地质科学院，2019.

［15］贺行良.天然气水合物气体组成分析方法研究与应用［D］.青岛：中国海洋大学，2012.

［16］周怀阳，彭晓彤，叶瑛.天然气水合物［D］.北京：海洋出版社，2000.

［17］崔丽萍.吉林油田天然气水合物预测及防治技术研究［D］.大庆：东北石油大学，2011.

［18］卫亚明，肖述琴，杨旭东，等.单胶筒防下滑井下节流装置的研制与应用［J］.石油机械，2013，41（7）：71-73.

［19］肖述琴，卫亚明，杨旭东，等.接箍座落式井下节流装置［J］.石油钻采工艺，2019，41（3）：314-317.

［20］杨旭东，卫亚明，肖述琴，等.$\phi$114.3mm 油管气井井下流量控制装置［J］.石油机械，2014，42（9）：93-95.

［21］杨旭东，于志刚，肖述琴，等.防上顶自卸荷排水采气工具研制与应用［J］.石油矿场机械，2012，41（10）：79-80.

［22］肖述琴，卫亚明，杨旭东，等.井下节流器用气举打捞工具研制与应用［J］.石油矿场机械，2013，41（2）：46-48.

［23］宋振宇.气井井筒温度压力耦合分析及井下节流工具优化设计［D］.西安：西安石油大学，2020.

［24］肖述琴，于志刚，樊莲莲，等.苏里格气田气井井口远程控制电磁阀研究［J］.油气田地面工程，2009，28（9）：23-25.

［25］鲍作帆，高秀丽，迟焱，等.井筒疑难节流器打捞工艺研究及应用［J］.内蒙古石油化工，2021（2）：15-19.